GUTI FEIWU
XINXIHUA GUANLI
JISHU YU SHIJIAN

固体废物
信息化管理技术与实践

U0251798

主　编：刘国正　孙京楠

副主编：韦洪莲　王　波　薛宁宁

中国环境出版集团·北京

图书在版编目（CIP）数据

固体废物信息化管理技术与实践：无废城市建设
系列图书 / 刘国正，孙京楠主编 . —北京：中国环境
出版集团，2023.6
　　ISBN 978-7-5111-5544-3

　　Ⅰ.①固…　Ⅱ.①刘…②孙…　Ⅲ.①信息技术—
应用—固体废物管理　Ⅳ.① X32-39

　　中国国家版本馆 CIP 数据核字（2023）第 115175 号

出 版 人　武德凯
策 划 人　马　晓
责任编辑　赵惠芬　　杨旭岩
封面设计　光大印艺

出版发行　中国环境出版集团
　　　　　（100062　北京市东城区广渠门内大街 16 号）
　　　　　网　　　址：http://www.cesp.com.cn.
　　　　　电子邮箱：bjgl@cesp.com.cn.
　　　　　联系电话：010-67112765（编辑管理部）
　　　　　　　　　　010-67175507（第六分社）
　　　　　发行热线：010-67125803，010-67113405（传真）
印　　刷　玖龙（天津）印刷有限公司
经　　销　各地新华书店
版　　次　2023 年 6 月第 1 版
印　　次　2023 年 6 月第 1 次印刷
开　　本　787×1092　1/16
印　　张　16.25
字　　数　351 千字
定　　价　86.00 元

中国环境出版集团郑重承诺：
中国环境出版集团合作的印刷单位、材料单位均具有中国环境标志产品认证。

固体废物信息化管理技术与实践
编 委 会

主　编：刘国正　　　孙京楠

副主编：韦洪莲　　　王　波　　　薛宁宁

前言

PREFACE

"固体废物"是指在生产、生活和其他活动中产生的丧失原有利用价值或虽未丧失利用价值但被抛弃或者放弃的固态、半固态和置于容器中的气态物品、物质。其中危险废物是指列入国家危险废物名录或者根据国家规定的危险废物鉴别标准和鉴别方法认定的具有危险特征的固体废物。固体废物具备种类多、来源广、成分复杂，以及资源性与社会性等多重特征，如不妥善管理，在产生、贮存、转移、利用、处置等环节可能形成生态环境风险。

近年来，随着经济的快速发展，我国固体废物的产生量大幅增长，根据全国固体废物信息系统数据，2020 年全国危险废物产生量超过 8 000 万吨，是 1996 年环境统计数据统计的 8.5 倍。传统的管理模式日益捉襟见肘，难以满足固体废物环境管理新形势和新要求。随着物联网、大数据、云计算、区块链等信息化技术的快速发展，为固体废物管理工作提供了新的解决方案。全面开展固体废物信息化与智能化建设对于加强固体废物全过程管理，实现固体废物的资源化、减量化、无害化具有重要意义。

2020 年修订的《中华人民共和国固体废物污染环境防治法》明确提出，国务院生态环境主管部门应当会同国务院有关部门建立全国危险废物等固体废物污染环境防治信息平台，推进固体废物收集、转移、处置等全过程监控和信息化追溯。《国务院办公厅关于印发强化危险废物监管和利用处置能力改革实施方案》中要求完善危险废物环境管理信息化体系。国务院办公厅印发的《新污染物治理行动方案》提出要"建设国家化学物质环境风险管理信息系统，构建化学物质计算毒理与暴露预测平台"。

为加强固体废物污染防治管理，提升全国固体废物管理监管能力，生态环境部多次印发文件推动固体废物信息化建设工作。生态环境部固体废物与化学品管理技术中心（以下简称"固管中心"）组织开展了全国固体废物管理信息系统、废弃电器电子产品回收处理信息管理系统、危险废物鉴别服务平台、尾矿库监管信息系统、新化学物质登记管理系统等信息化建设与应用，有力支撑了固体废物管理的相关业务工作。固管中心在工作过程中，也遇到了技术、管理和运行等多方面的问题。固管中心组织各级固体废物管理部门以及技术支撑单位，结合实际情况经过总结和凝练形成了相应的管理思路和技术理论，并本着持续改进的思想不断丰富完善，在本书中进行了较为详细的阐释。我们愿意将这些成果与广大的固体废物管理工作者分享，以促进我国固体废物环境管理水平提升和信息化技术创新发展，形成高效共赢的工作机制，进一步落实"十四五"规划中提出的"深入打好污染防治攻坚战，持续改善环境质量"战略要求，更好的服务于"无废城市"建设与新污染物治理等重点工作。

本书共十五个章节，较为全面、系统、深入地论述了固体废物信息化建设相关技术、管理要求、应用实践等内容，提炼出各相关领域信息化工作的亮点与特点。有针对性地提出了固体废物信息化建设所面对的形势与问题，解决方案与路径，以及下一步计划重点推进的工作。各章的主要编写人员有：

第1章：孙京楠；第2章：薛宁宁、余嘉琦；第3章：周荃、吕博；第4章：贾佳、葛慧茹；第5章：周强、王玉；第6章：霍慧敏、丁鹤；第7章：刘明、钱琪所；第8章：顾芮冰、熊晖；第9章：田祎、赵虎；第10章：矫云阳、王硕；第11章：王波、赵鹏；第12章：石一辰、张东琦；第13章：杨强威、韩晓阳；第14章：姚蓓蓓、叶旌；第15章：曹飞、孙建欣

本书在编写过程中力求详实、全面，以期为读者提供帮助并引发更深入的思考。由于时间和水平的局限，书中可能会有疏漏与不当之处，恳请广大读者批评指正。

本书编委会

目 录
CONTENTS

01

第一篇　基础概述

我国固体废物信息化管理现状

1.1 固体废物信息化管理工作背景

1.1.1 全国固体废物管理信息系统建设背景

2006 年前后，我国固体废物环境事件频发，随着各地固体废物管理工作的逐步深入，固体废物申报登记、危险废物转移、危险废物经营许可等各项固体废物管理制度及日常监督检查工作逐步展开，大量数据、信息的不断涌入，不仅增加了管理人员的工作强度，而且由于缺乏有效的信息管理系统及管理经验，各种数据零散、关联度和共享性差，难以为固体废物管理工作及决策提供有效的技术支持。

为落实固体废物污染防治管理要求，我国各省级生态环境保护部门陆续成立省级固体废物管理中心。为提升全国固体废物管理监管能力，借鉴一些发达国家经验，2008 年，环境保护部向国家发展改革委申请经费建设全国固体废物管理信息系统，该系统包括固体废物产生源管理信息子系统、危险废物转移管理信息子系统、危险废物经营许可证备案和审批管理信息子系统、危险废物事故应急管理信息子系统、危险废物出口核准管理信息子系统和固体废物进口管理信息子系统 6 个业务模块。上述子系统基本涵盖了当时固体废物的全部业务工作。

该系统的建设目标是针对我国固体废物监管能力不足，通过建立全国固体废物管理信息系统，满足我国固体废物的信息化管理需求，提高固体废物环境管理水平、环境与发展综合决策能力、环境监管能力及公共服务能力，促进我国经济与环境的协调发展和环境质量的改善。

随着固体废物管理工作的不断深入和国家对危险废物精细化管理的要求，全国固体废物管理信息系统及其功能也在不断迭代和更新，陆续新增了危险废物管理计划电子备案、危险废物电子台账管理、危险废物转移轨迹管理、危险废物跨省转移商请数据流转等功能。

1.1.2　地方固体废物管理信息系统建设情况

在全国固体废物管理信息系统建设和应用的同时，各地生态环境管理部门围绕各自的管理需要，利用各级地方政府预算，应用大数据、电子标签、智能地磅、智能视频监控等先进技术，建设了符合本地精细化管理要求的各类固体废物管理信息系统，地方固体废物管理信息系统的建设为全国固体废物管理信息系统的升级提供了许多实践经验。

1.江苏省固体废物信息化建设和应用情况

江苏省深入推进部省共建生态环境治理体系和治理能力现代化试点省建设，建成危险废物全生命周期监控系统。该系统在建设过程中充分利用物联网、大数据、人工智能等信息技术，为管理提供有力支撑，提升非现场监管能力。

（1）推行危险废物电子监管"二维码"，将传统的危险废物纸质标签改为二维码电子标签，作为每袋（桶）危险废物的唯一"电子身份信息"，要求做到产废必贴码，转移必扫码。通过扫描"二维码"，对每一笔危险废物的流转过程、每个环节的操作时间、操作人员和位置等信息进行"线上＋线下"的正向跟踪和反向追溯，解决危险废物产生量不真实、未按规定出入库、危险废物是否最终进入处置和利用单位等监控盲点问题。

（2）推进危险废物智能视频监控能力建设。对重点涉废单位（年产生 1 000 t 以上的产废单位、经营单位）的贮存设施出入口、仓库内部、运输通道等关键点位进行视频监控；选取重点企业试点视频智能分析应用，将"人工识别＋单据比对"的异常行为识别模式升级为智能 AI 自动识别，智能识别企业管理环节中的违规操作、异常行为，确保危险废物出入库行为和转移联单信息相匹配，进一步提高主动发现问题、及时解决问题的能力。

（3）实现焚烧处置单位工况监控。接入全省焚烧处置单位实时运行工况数据，实现在线监测监控和经营记录簿等多源数据相互印证，对异常生产、处置设施不正常运行等情况进行提醒和预警，及早发现环境违法违规"苗头"，提升危险废物监管的高效性和精准性。

2.云南省固体废物信息化建设和应用情况

云南省始终坚持贯彻新《中华人民共和国固体废物污染环境防治法》（以下简称《固废法》）、《强化危险废物监管和利用处置能力改革实施方案》相关要求。"十三五"期间，云南省高度重视固体废物信息化管理工作，充分利用大数据、物联网、地理信息、智能 AI 自动识别等信息技术，搭建了危险废物（医疗废物）环境管理平台，围绕应用场景实现了"会商调度大屏应用""日常监管中屏应用""现场管理小屏应用",基本实现了危险废物产生信息、转移信息、处置利用信息的"一张网"管理,有效提高了工作效率,大大提高环境管理水平,基本实现依托信息化助力固体废物监管的新模式。在疫情背景下,云南省固体废物(医疗废物)环境信息管理平台以全省 65 家县级及以上的重点医院,以及 19 个医疗废物处置机构作为项目试点,建设"一张网、一平台、一中心"。

(1)"一张网":一是采用物联网、互联网技术,以二维码标识,对医疗废物分类收集、暂存、转运、处理全业务流程管理,精确溯源;二是利用 GPS 定位技术对转运车辆的进行实时跟踪、异常预警,防止非法倾倒等;三是运用智能 AI 自动识别技术,对医院集中堆放点、交接点以及处置机构的堆放点、储存点、处置点、厂区等重点区域进行实时监控违规违法行为,依托医疗废物视频监控智能 AI 分析平台运用人工智能识别技术自动识别异常行为(如不按要求堆放、超时堆放、非法侵入等行为),自动视频识别预警并收集证据,达到释放人力、提高效能目的;四是接入集中处置设施的运行状况数据以及污染排放在线监测数据,加强医疗废物处置机构的内部医疗废物处置业务监管。

(2)"一平台":平台软件具有大屏端、PC 端和 App 端应用到不同工作场景,支持管理部门、医院、处置机构开展业务,系统功能应用包括医疗废物收集管理、医疗废物收运管理、医疗废物处置管理、基本信息管理、预警报警管理、大数据应用分析、系统后台管理等,对"一张网"数据进行采集、处理、分析,结合大数据分析技术实现医疗废物全生命周期精细化监管。

(3)"一中心":对集成的前端设备数据以及采集的业务数据进行大数据处理分析,以大屏幕可视化方式呈现,实现视频监控上墙、行车轨迹上墙、业务数据上墙、决策分析上墙等,形成医疗废物监管的统一调度中心,为医疗废物监管的预警—会商—调度提供支撑,为各类场景的集中会商调度、实时监控提供保障。

3. 湖北省固体废物信息化建设和应用情况

湖北省危险废物(含医疗废物)监管体现"一平台、一张网、一套数、一应用"。

(1)"一平台":危险废物(含医疗废物)全生命周期综合监管平台。为管理部门、涉废单位提供危险废物(含医疗废物)全生命周期综合业务办理,全面提升危险废物(含医疗废物)利用处置能力和全过程信息化监管水平。

(2)"一张网":物联网全过程智能监管平台。充分结合危险废物(含医疗废物)综合业务管理平台,并创新监管手段,进行全过程智能化监管,提升危险废物(含医疗废物)的精细化监管。

（3）"一套数"：大数据展示分析平台。形成危险废物监管一张图，提供领导多维度、多层面的固体废物信息展示。

（4）"一应用"：执法监管应用服务平台。危险废物监管与执法平台对接，形成闭环协同智慧管理，对全危险废物监管情况和执法检查情况的结果进行呈现。

系统以"国家固体废物信息化管理通则"为指导，以"危险废物管理问题及目标"为导向，以"管理计划"为前提，以"精细化台账"为基础，以"转移联单"为主线，构建"四可""五全"的危险废物污染防治全过程智能化监管平台，并和执法业务对接，进行危险废物监管闭环和执法闭环管理，实现危险废物管理角色和业务的全覆盖，以及危险废物全过程的跟踪监管，形成全国独一无二的危险废物污染防治全过程智能化监管平台。

"五全"：①角色全覆盖。全面覆盖产废企业、收集网点、集中贮存点、运输企业、经营企业、管理部门所有固体废物管理角色。②管理全周期。对固体废物管理计划、每日台账、申报登记、审核审批、转移运输、规范化管理、数据集成、统计分析、智能展示等工作进行全生命周期管理。③业务全融合。提供危险废物、医疗废物、一般工业固体废物、废矿物油、废铅蓄电池、尾矿库、固体废物进出口"七合一"业务融合服务。④数据全贯通。从产生量、贮存、转移、处置、次生到结束形成数据链条，实现固体废物源头信息逐级在线收集和全面覆盖，方便、快速掌握区域固体废物现状，为监管决策提供数据支撑。⑤办公全方位。提供 PC 端、移动端服务，帮助管理部门和产生单位、运输单位、利用处置单位对日常业务工作进行管理，实现全方位的办公服务。

"四可"：①风险可预警。系统对企业固体废物产生量超量预警、危险废物贮存超时预警、利用处置超量预警、联单信息不一致预警、联单确认超时预警、许可证超期预警、库存预警、转移计划到期等进行预警提醒。②过程可跟踪。通过对固体废物的产生端、处置端的在线视频监控及运输车辆卫星定位、视频图像捕捉，辅以物联网技术二维码识别，实现流转全过程监控和可追溯行为，为解决固体废物非法倾倒、非法转移、违规处置等重大环境违法行为提供执法依据。③事件可追溯。对每一批危险废物在产生时就被贴上批次／二维码标签，作为这批危险废物的身份标志。在固体废物全生命周期的任何一个环节都可以通过手持智能终端 App 扫描搜索这批废物的详情信息，进行详情查看、事件追溯。④数据可统计。提供基础信息一张图、业务数据一张图、固体废物监管一张图。

1.2 固体废物信息化管理工作要求

1.2.1 《固废法》提出明确要求

2020 年修订的《固废法》第十六条明确提出，国务院生态环境主管部门应当会同国务院有关部门建立全国危险废物等固体废物污染环境防治信息平台，推进固体废物收集、转移、处置等全过程监控和信息化追溯。同时在第七十五条、第七十八条、第八十二条中均对信息系统的应用提出了明确要求。

1.2.2 国务院办公厅下发文件

国务院办公厅印发《强化危险废物监管和利用处置能力改革实施方案》中要求完善危险废物环境管理信息化体系。依托生态环境保护信息化工程，完善国家危险废物环境管理信息系统，实现危险废物产生情况在线申报、管理计划在线备案、转移联单在线运行、利用处置情况在线报告和全过程在线监控。开展危险废物收集、运输、利用、处置网上交易平台建设和第三方支付试点。鼓励有条件的地区推行视频监控、电子标签等集成智能监控手段，实现对危险废物全过程跟踪管理，并与相关行政机关、司法机关实现互通共享。

1.2.3 生态环境部陆续出台相关要求

2017 年 2 月环境保护部和 2019 年 2 月生态环境部办公厅两次向各省级生态环境部门下发《关于全面开展全国固体废物管理信息系统应用工作的通知》（环办土壤函〔2017〕231 号）、《关于加快推进全国固体废物管理信息系统联网运行工作的通知》（环办固体函〔2019〕193 号），要求各地开展全国固体废物管理信息系统中各个功能模块的应用和系统对接工作。2020 年 12 月和 2022 年 6 月生态环境部办公厅针对危险废物信息化管理相关工作再次印发《关于推进危险废物环境管理信息化有关工作的通知》（环办固体函〔2020〕733 号）、《关于进一步推进危险废物环境管理信息化有关工作的通知》（环办固体函〔2022〕230 号）。

《关于印发〈"十四五"全国危险废物规范化环境管理评估工作方案〉的通知》（环办固体〔2021〕20 号）中针对"十四五"期间生态环境部门和企业的危险废物环境信息化管理提出了具体的评估指标。其中对生态环境部门的评估中，危险废物环境管理信息化应用工作情况占总分 100 分中的 12 分。

生态环境部、公安部、交通运输部联合发布的《危险废物转移管理办法》中要求转移危险废物的，应当通过国家危险废物信息管理系统填写、运行危险废物电子转移联单，并依照国家有关规定公开危险废物转移相关污染环境防治信息。

2021年4月生态环境部固体废物与化学品管理技术中心（以下简称固管中心）发布《固体废物信息化管理通则》，推进固体废物收集、贮存、运输、利用、处置等全过程监控和信息化追溯，促进固体废物环境管理信息互联互通和共建共享。

2022年10月1日起实施的《危险废物管理计划和管理台账制定技术导则》（HJ 1259—2022）为信息系统中的管理计划备案和电子台账的填报内容提供依据。

地方生态环境管理部门围绕国家相关要求，制定了本地区固体废物管理相关规章制度和管理办法。提出了物联网监管的导向。

1.3 实施固体废物信息化管理的必要性

1.3.1 我国危险废物污染环境风险较高

我国是世界唯一一个具备全产业链的国家，是全世界唯一拥有联合国产业分类中全部工业门类的国家，能够自主生产从服装鞋袜到航空航天、从原料矿产到工业母机的一切工业产品，可以满足民生、军事、基建和科研等一切领域的需要。因此危险废物产生量大、种类多，来源广泛，全国固体废物管理信息系统数据显示，截至2020年年底，全国危险废物产生量高达8 000余万吨，是1996年环境统计数据统计的8.5倍。产生危险废物的主要行业有炼焦、常用有色金属冶炼、贵金属矿采选、基础化学原料制造等多个行业，危险废物产生量大且污染环境风险高。近年来，由于危险废物产生量的剧增和利用处置需求增加，"十二五"末期及"十三五"期间，危险废物利用处置产业发展迅猛，截至2020年年底，全国共有5 000余家持危险废物经营许可证单位，发放5 000余个许可证。危险废物核准经营能力1.7亿吨/年，2020年实际经营量4 000余万t。危险废物利用处置行业企业数量较多，危险废物利用处置相对集中，环境风险较高。

1.3.2 危险废物环境管理工作量大

①危险废物来源广泛种类多，由于危险废物来自绝大多数行业，种类繁多，仅《国家危险废物名录》就包括50大类别467种废物，还有许多通过危险废物鉴别确定纳入监管的危险废物；②危险废物环境管理环节多，危险废物污染防治贯穿产生、贮存、转移、利用、处置的全过程，关系生产者、消费者、回收者、利用者、处置

者等多方利益，与废水、废气管理方式完全不同，废水、废气可以通过监测方式管好各个排污单位的排放口即可，而危险废物不允许排放，只能在产生后进行规范的贮存、运输和利用处置，危险废物的种类和量是重点关注的对象，需要耗费大量的监管人员且技术含量高；③危险废物管理涉及的部门多，不同种类、不同环节的固体废物管理，涉及多个不同部门，包括环境保护、资源综合利用、规划建设、商务、卫生、海关等，跨部门联动和协调工作量大。

1.3.3 危险废物信息化管理未实现全国"一盘棋"

"十三五"期间是我国危险废物环境管理信息化快速发展的 5 年，截至目前，已形成全国固体废物环境管理信息系统与各省级自建危险废物环境管理信息系统并存的局面，甚至部分地市也建设了自己的危险废物管理信息系统，危险废物产生单位、运输单位和经营单位的相关数据交换主要以数据对接的方式进行，存在对接效率慢、系统建设思路不统一、不按要求对接数据等突出问题，关键数据未形成全国"一盘棋"。截至 2022 年，全国仅 6 个省级行政区使用国家系统管理本省（区、市）危险废物数据，其余全部使用自建信息系统管理，涉及信息系统开发单位近20 家。

1.3.4 各地危险废物监管能力严重不足

基层环保部门队伍建设严重滞后。基层环保部门缺乏危险废物管理的专业人员，技术力量不足，往往存在一人身兼数职的情况。从全国层面看，全国固体废物管理技术队伍约 1 500 人，仅占生态环境系统总人数的 0.5%。从省级层面看，省级固体废物管理技术队伍存在弱化现象。辽宁省、黑龙江省、北京市、天津市等地固管中心已撤销，整合至省（市）生态环境事务服务中心或技术保障中心；浙江省固管中心已撤销，整合至省厅固体处。从地市级层面看，我国 334 个地级市中 227 个市具有固体废物管理技术机构，占总数的 2/3，仍有 1/3 无队伍。

1.4 开展固体废物信息化管理的目标

1.4.1 贯彻落实党中央决策和国家部委有关文件要求的需要

2020 年最新修订的《固废法》明确要求建设固体废物信息化管理系统。在第十六条中明确要求：国务院生态环境主管部门应当会同国务院有关部门建立全国危险废物等固体废物污染环境防治信息平台，推进固体废物收集、转移、处置等全过程监控和信息化追溯；2021 年 5 月国务院办公厅印发的《强化危险废物监管和利用处置能力改革实施方案》明确，到 2025 年年底，建立健全源头严防、过程严管、后果严惩的危险废物监管体系。危险废物利用处置能力充分保障，技术和运营水平进一步提升。我国在努力补齐短板的同时，应该加快建设危险废物污染环境防治信息平台。

1.4.2 贯彻落实"十四五"规划有关工作的要求

《中华人民共和国国民经济和社会发展第十四个五年规划和 2035 年远景目标纲要》中"推动绿色发展，促进人与自然和谐共生"篇在危险废物管理方面明确提出强化监管要求：全面整治固体废物非法堆存，提升危险废弃物监管和风险防范能力。强化危险废物监管，构建危险废物污染防治信息平台，符合深入打好污染防治攻坚战，建立健全环境治理体系，推进精准、科学、依法、系统治污的要求。这些是坚持"绿水青山就是金山银山"理念，构建生态文明体系，推动经济社会发展全面绿色转型，建设美丽中国的重要基础和支撑。

1.4.3 提升环境监管效能的需要

全国危险废物污染防治信息平台实现提前对突发情况进行预警、预报、快速处理，同时大大降低人力现场监管成本，降低安全风险，有效解决监管能力不足的问题。危险废物环境监管既是生态环境保护的基础，又是生态文明建设的重要支撑。目前，全国危险废物环境监管存在范围和要素覆盖不全，建设规划、标准规范与信息发布不统一，信息化水平和共享程度不高，监管数据质量有待提高等突出问题，难以满足生态文明建设需要，影响了固体废物监管的科学性、权威性和政府公信力，必须加快推进全国危险废物环境监管能力建设。

1.5 固体废物信息化应用进展

1.5.1 初步实现全国危险废物管理"一张网"

全国固体废物管理信息系统实现各项危险废物管理业务网上办理，业务数据国家、省、市、县、企业上下贯通，并与生态环境领域其他业务系统，与其他相关部委（海关、国税等）业务系统实现互联互通。建成全国固体废物和化学品管理信息系统统一登录门户，实现全国各级管理部门和企业"一站式"登录和业务办理。

1.5.2 初步掌握全国危险废物产生、收集、转移、处置全过程业务数据

纳入系统监理的企业数量（60 余万家）和危险废物产生、转移、处置等全过程数据量逐年增加。全过程各环节数据均可以相互校验，各级生态环境部门通过系统可摸清危险废物的底数和流向，并可实现快速、灵活查询统计分析。

1.5.3 推进全过程动态监管试点

落实生态环境部相关文件要求，组织开展危险废物全过程动态监管相关功能的建设和试点应用工作。生态环境部固体司组织固管中心印发 10 余份试点文件，分步骤、分地区、分功能组织试点应用工作，试点功能包括危险废物产生和处置台账管理、转移轨迹管理、跨省转移商请附件上传、视频监控调取、物联网监管和小微企业数字化管理等。

1.5.4 新型冠状病毒肺炎疫情期间为企业办理各项固体废物管理业务提供便利

在新冠疫情暴发前全国已实现危险废物各项业务的网上办理，因此危险废物管理的各项业务均未受疫情的影响。疫情期间每年近 60 万家产废企业通过信息系统完成危险废物管理计划备案，运行危险废物转移电子联单 400 余万笔。信息系统的应用，减少企业与各级生态环境部门见面接触合计超过 2 000 万人次，既有效减少疫情的传播风险，又提高了业务办理效率，减少企业路途成本。

1.5.5 提升各级生态环境部门危险废物监管能力

建成的危险废物综合信息"驾驶舱"对接生态环境部综合管理平台，实现大屏展示，支撑生态环境部开展对危险废物管理的形势研判。危险废物专项整治 App 全面支撑各级生态环境部门开展危险废物专项整治三年行动。对危险废物全过程数据进行分析，为执法局提供环境违法线索，为清废行动、落实排污许可证危险废物事中事后监管、开展危险废物环境统计等工作提供技术支撑。

全面推进系统应用工作以来，纳入系统管理的危险废物相关企业逐年增加。2017—2022 年全国通过系统开展危险废物产生源申报登记的企业数量由 10 万家增加至 30 余万家。2017—2022 年全国通过系统开展危险废物经营单位年度经营情况的企业数量由 2 000 余家增加至 5 000 余家。2017—2022 年全国通过系统办理的危险废物转移电子联单数量由 70 万笔增加到至 600 万笔。此外，系统还实现了危险废物产生

单位管理计划网上备案、危险废物跨省转移商请实现数据跟踪、危险废物出口核准和固体废物进口申请网上办理。

纳入系统管理的固体废物企业数据、产废数据、转移数据和利用处置数据逐年增加，在一定程度上摸清了全国固体废物产生情况的底数。全面实现危险废物转移电子联单应用，基本掌握了全国危险废物转移流向，为追踪危险废物流向，加强危险废物管理，实现管理的科学化、精细化提供了有效的技术支撑。危险废物电子转移联单子系统的应用，切实减少企业落实环境保护要求的成本，提高管理部门工作效率，在落实中央"放管服"重要精神、"倒逼"产废单位规范管理和控制非法转移等方面发挥了重要作用。

1.6   存在的问题

目前，全国20多个省份和近100个城市使用自建信息系统管理，涉及信息系统开发单位近40家。危险废物产生单位、转移联单和经营单位通过省、市自建平台逐级上报数据，通过数据对接集成等方式汇总到国家，存在对接效率慢、系统建设思路不统一、不按要求对接数据等突出问题，特别是危险废物智能化管理存在短板，缺乏生态环境部统筹指导、统筹精细化智能化监管抓手。

1.6.1   业务应用智能化水平不足

由于数据没有打通，企业端存在重复填报、错误填报、一数多源等问题，数据质量不高；未进行数据治理，数据分析应用不好，只有基本统计功能，不能对管理起到较好的支撑作用；危险废物精细化监管缺乏先进智能化信息化技术支撑，无法追根溯源、无法实时智能告警预警，缺乏大数据应用支撑；主要依赖手工填报，填报工作量大，用户体验不好；基于数据分析的业务支撑能力偏弱，产废过程、运输过程、处置过程等场景化的智能应用能力不足，可视化未做到全流程覆盖。其他现有应用大部分以展示查询、统计分析、流程流转、信息服务等功能为主，预测、研判分析功能不足，距离实现数字化场景、智慧化模拟、精准化决策的要求还有差距。

1.6.2   缺乏智慧化的数据挖掘

近年来固管中心初步搭建了模型服务平台和知识平台，初步形成知识驱动，亟须继续提升"算法"智慧能力。第一，目前开发的预警功能仅有基于危险废物数据逻辑的预警模型，缺乏面向全国危险废物风险防控所需的视频行为预警模型、台账数据分析模型等；第二，大多数仅具备常规计算分析功能，与实时更新、全过程、动态反馈的智慧化模拟目标还有一定差距，核心和关键作用体现不够；第三，面向危险废物产生企业异常产废预警模型、异常转移预警模型的预见期和模拟精度亟待提高；第四，初步突破了机器学习等新技术在预报结果实时校正、企业产废因子抓取、卫星卫片智能识别等方面的应用，但距离实战化应用还需要不断迭代优化，危险废物专业模型和机器深度学习等智能算法融合和适配能力亟须加强；第五，模型平台仅具备模型的注册、管理和对外服务等基础性的能力，对于模型的组装、配置能力弱；第六，在知识平台方面，危险废物产生单位、收集单位、运输单位、经营单位的知识图谱、历史调度案例库、专家经验库等还处在起步阶段，知识库标准体系建设和支撑业务应用还需要继续提升能力。

1.6.3　数据底层架构需进一步夯实

由于传统信息系统的局限，无法保证不存在人为篡改的可能性，中心化的数据库存在数据库丢失、盗取等安全性风险。数据底层架构需进一步夯实，数据要素价值有待挖掘，需形成中心库存储共享数据、生产库存储业务应用数据的存储体系，但现有数据离构建全国危险废物智能风险防控的要求有较大差距，行业内外数据共享还不全面。在行业内，除危险废物申报信息以外，绝大多数监控信息存在共享不全面的情况，难以支撑"风险防控"目标实现等。

1.6.4　现有硬件环境难以满足平台需求

危险废物风险防控信息平台用户涉及近百万家企业以及地方各级生态环境管理部门，基础数据类型包括结构性数据和视频监控、转移轨迹等海量实时数据。经初步测算，需要约 10 PB 存储和万兆网络环境，并对数据传输速率、安全性、保密性都有较高要求。现有的生态环境云平台等硬件基础环境，难以保证危险废物风险防控信息平台高效运行。

1.7　固体废物信息化管理发展趋势

1.7.1　增强智能感知能力

物联感知设备可以实时采集对象行为、异常事件等内容，帮助管理部门高效、准确、直观地开展管理工作。当前危险废物物联感知设备存在场景覆盖不足、网络孤立不通、边缘智能欠缺、资源利用率不高等问题，无法有效满足全面感知要求，所以需要持续增强危险废物的智能感知数据挖掘和利用能力，打通、融合各系统、跨部门的各类物联网络，将物联感知数据按需汇聚到大数据中心。在统一的时空体系中，基于智能物联感知能力，让管理部门能全面、实时、直观掌握危险废物产生、转移、处置、异常等态势。

1.7.2 升级风险预警能力

因数据分散、算力不足、模型单一等问题，当前在危险废物的分析、预测等方面的能力，无法有效满足智慧规划、建设、管理等需求。构建危险废物风险预警评估研究平台，汇聚海量数据，构建丰富的数据分析、预测等应用，为管理部门提供更精确、高效、及时的分析、预测等能力。

1.7.3 提升数据分析能力

目前固管中心的大数据建设以全国危险废物数据汇聚为主，全国数据的关联分析、融合碰撞等能力构建相对欠缺。数据的关联分析可以改善危险废物的治理水平，数据的融合碰撞可以革新危险废物的整体认知。全面加快危险废物相关数据资源的有序汇聚、深度共享、关联分析、高效利用，为管理部门提供跨层级、跨地域、跨部门、跨业务的协同服务，以数据赋能业务应用。

1.7.4 优化应急响应能力

强化危险废物环境执法，严厉打击非法排放、倾倒、收集、贮存、转移、利用、处置危险废物等环境违法犯罪行为，形成危险废物应急处置和保障分级分类体系，建立危险废物应急指挥、处置、资源和物资保障的指挥调度平台。

第 2 章

固体废物信息化管理通则编制情况

为贯彻党中央、国务院关于固体废物污染防治的决策部署，落实《固废法》，推进固体废物收集、贮存、运输、利用、处置等全过程监控和信息化追溯，促进固体废物环境管理信息互联互通和共建共享，固管中心会同有关部门，组织编制了《固体废物信息化管理通则》（以下简称《通则》），供各地在开展固体废物环境信息化管理系统建设和应用过程中参考。《通则》的出台标志着全国固体废物的信息化管理有了统一的准则，厘清各固体废物相关业务的同时也为各级生态环境管理部门提供有力的管理抓手。

2.1 编制意义

2.1.1 国内现状

近年来，我国信息化建设程度的不断进步，信息技术的不断应用，各行各业逐渐将信息化手段从辅助管理手段变为主要管理手段，信息化的概念也是层出不穷，从"互联网+"到大数据，从数据录入到物联网采集，从机器处理到人工智能。数据种类和数据质量都在不断提高，在各行业的各类系统壮大的过程中也演变出各类问题。从我国固体废物信息管理来看，各级生态环境管理部门根据自身个性化需求，在原有的国家系统架构的基础上进行了重新开发，目前我国固体废物管理逐渐借助信息化的力量，向着精细化、智能化、科学化管理的方向发展，目前已形成了全国固体废物管理信息系统一个平台为主，省（区、市）级自建固体废物管理信息系统做补充的格局。在应用新技术手段的同时，往往会与全国固体废物管理信息系统的数据结构和数据关系有所不同，这就给国家统一收集信息带来了困难，与此同时各级生态环境管理部门在建设自己的系统时也急需一个指导性文件来规范完善自己的系统设计，因此《通则》应运而生。

2.1.2 存在的问题

各地方生态环境管理部门在设计和开发固体废物管理信息系统时，受经费及管理模式不同的影响，导致各地自建固体废物管理信息系统功能差距较大，有些系统能够涵盖全国固体废物管理信息系统的大部分功能，有些仅开发建设了全国固体废物管理信息系统中的危险废物管理功能，同时各系统功能的数据要求和业务流程也存在较大差距。

在当前的全国固体废物管理信息系统和各省级固体废物管理信息系统两级部署的现状下，两级系统的数据交换是决定整个系统实时有效的关键业务，按照目前系统的技术架构，省级固体废物管理信息系统需要通过全国固体废物管理信息系统定义的数据接口进行数据上传，早期的数据接口为单向数据接口，各省级固体废物管理信息系统通过数据接口提交数据即可，随着对接业务的数据的复杂程度提高，接口升级为双向验证接口，各省级固体废物管理信息系统通过数据接口提交数据需要和以前提交的数据进行交叉验证，满足验证结果后才可进入全国固体废物管理信息系统，否则需要进行修改后重新上传。因此《通则》对数据接口对接的技术路线和技术参数都做了明确的定义，各系统的开发单位通过《通则》的要求进行数据接口调用和数据字段匹配，同时根据接口的返回值进行数据对接判断，及时补传出现问题的业务数据，《通则》对各业务接口所需要的参数也作了明确规定，在帮助管理部门厘清业务数据的同时也帮助开发单位厘清业务逻辑。

2.1.3 编制的必要性

在固体废物管理的实际工作中，信息化的管理规范和管理流程是做好管理工作的必要条件，在多年的工作实践中各级生态环境管理部门针对自己辖区内的企业特点和管理队伍情况总结出一套适合本地区实际需求的信息化管理规范和管理流程，虽然适用地方管理需求，但是在国家进行统一管理和收集数据时，由于管理规范和管理流程的不一致导致数据不全面、不匹配的问题。因此编制《通则》把固体废物信息化管理的规范和流程统一起来是十分有必要的。一是可以为各级生态环境管理部门固体废物信息化建设提供一个参考依据；二是有效减少对接信息数据中遇到的问题；三是可以指导已建固体废物管理信息系统的功能升级，进一步提升管理能力。

各地方生态环境管理部门依托现有的业务管理要求规划、建设及维护自己的固体废物管理信息系统。各地依据自己的业务管理需求开展信息化建设时，受信息技术的发展阶段不同，采用的数据采集技术不同，因此生态环境管理部门和固体废物管理信息系统承建单位没有一个标准可参考，在规划系统时无法预知是否符合国家当前固体废物信息化管理的要求，在建设固体废物管理信息系统时，无法预计各功能模块的具体功能逻辑是否合理和科学，在运维固体废物管理信息系统时无法预测固体废物管理的需求变更和发展方向。《通则》的作用就是把这些无法预知、预计和预测的问题进行梳理，形成一套完整的解决问题体系，从而服务各级生态环境管理部门。

2.1.4 编制目的

《通则》的编制是结合国家和各地方管理现状，更好地指导全国固体废物信息化管理平台建设，全面提升各地区固体废物综合管理水平，保障各省（区、市）及市、县（区）固体废物管理平台数据的规范性、稳定性和可靠性，进而确保各地固体废物信息管理数据高质量、高效率对接到全国固体废物管理信息系统。

数据管理一直是信息系统管理中一个重要的组成部分，随着信息化程度日趋深入，每日产生的数据已经呈指数级增长，随着固体废物管理的实时性和精细化不断加强，固体废物管理信息系统中的数据种类和数据量也在突飞猛进地增长，如何管好已有的数据库数据也是各级生态环境管理部门的一个痛点，数据量大不一定就代表固体废物管理能力就高，往往一些冗余数据占据的大量存储空间和系统资源，从而使得整个固体废物管理的管理能力下降，核心的业务数据才是管理重点，把主要精力放到核心业务数据管理上才能保障整理固体废物管理工作的效率。《通则》将固体废物管理的核心业务数据进行统一，使得核心业务数据得到标准化管理，从而达到各级生态环境管理部门将主要工作力量用到主要工作任务的目的，从而实现固体废物信息化管理的主要工作目标。

在固体废物信息化管理工作中，系统业务数据的管理与业务工作是密不可分的，核心业务数据的管理更是重中之重，固体废物核心业务数据的管理对于每个固体废物管理者都不是一个简单的工作，这是由固体废物管理工作的特殊性决定的。随着固体废物管理的精细化，各业务领域的业务数据和数据关系都在不断地扩大，数据种类和数据量的变化也就意味着管理付出的时间和精力都要成倍增长，没有一个合理的数据边界和数据清单就会导致固体废物管理工作变得越来越复杂。对固体废物管理的核心业务数据的梳理和统一可以让固体废物管理者把分辨管理数据是否是核心数据的时间省出来，将更多的精力去投入核心业务数据的管理，各级生态环境管理部门的核心业务数据都管理到位了，才能保障对接到全国固体废物管理信息系统的数据是真实有效的，因此合理有效地整理固体废物管理的核心业务数据也是编制《通则》的一个重要任务，既能给各级生态环境管理部门一个核心业务数据管理指南，又可以保障全国固废管理数据的一致性。

2.2   编制过程

2.2.1   编写情况

《通则》编制初期，由固管中心抽调专业人员组成编制团队，负责整体框架设计，经过多轮的内部会议商讨，初步形成了基本框架，结合实际的业务需要，编制团队制订了编写计划和主要编写里程碑。

因《通则》内容的特殊性，涉及信息交互技术内容，因此经过编制团队讨论，引入软件开发公司作为编写团队技术顾问，经过与软件技术团队的对接，结合全国固体废物管理信息系统现有基础，详细编写了系统各业务模块需要的内容和对接接口数据字段，初步形成了《通则》草稿，根据草稿内容，编制了相关技术附件。

《通则》草稿编制完成后，编制团队进行了内部讨论，一致同意可对《通则》草稿进行征求意见。

2.2.2   征求意见

《通则》草稿编制完成并经编制团队审议后，开始征求意见工作。征求意见分为内部征求意见和各省级管理部门征求意见。

固管中心内部征求意见时主要征求各业务管理部门意见，各业务管理部门收到征求意见通知后高度重视，多次组织内部会议审议《通则》草稿，共收到各业务部门征求意见 11 条，经编制团队会议讨论，全部采纳。经过各部门意见完善后形成了《通则》（征求意见稿），经固管中心领导同意，发文至各省级管理部门和主要省级系统承建单位进行征求意见，本次征求共收到返回意见 58 条，经编制团队会议讨论，全部采纳。

经过征求意见和修改完善，《通则》基本内容已确定，编制团队经过内部多轮审定，固管中心于 2021 年 4 月 21 日发布，《通则》发布后有力支持了各级固体废物管理系统的建设和完善，逐步形成了固体废物管理全国"一张网"的发展趋势，有效提升了全国固体废物信息化管理能力。

2.3   编制内容

2.3.1   全国固体废物管理信息系统统一登录门户对接规范

全国固体废物管理信息系统统一登录门户系统（以下简称统一门户系统）作为

全国固体废物管理系统的唯一访问入口，全国各级用户可通过统一门户系统进入各地方固体废物管理信息系统（以下简称地方信息系统）。

地方信息系统需完成与统一门户系统的技术对接。

全国各级用户访问统一门户系统，在登录窗口中选择所在省份并输入用户名、密码后单击登录（有多个系统的省份，用户选择省份后需要进一步选择系统名称），统一门户系统跳转到省级系统，同时将用户名、密码按照加密规则生成密文以 HTTP 协议的 URL 查询参数传递给省级系统。省级系统对密文进行解密后，验证用户名登录信息，如果是合法用户，登录成功，进入省级系统首页，否则显示登录失败信息和返回链接，用户可单击返回链接重新跳转回统一门户系统。

《通则》制定了全国固体废物管理信息系统统一登录门户对接规范，并以全国各地区固体废物信息化管理系统为统一门户，既保障了门户统一又保障了系统权威性、安全性。

2.3.2 危险废物信息化管理建设规范

（1）危险废物信息化管理建设规范以危险废物全生命周期管理为目标，故应规范危险废物从产生、运输、处置、利用全过程关键信息，以规范为引领构建危险废物收集、转移、处置、利用等全过程信息化追溯、可视化跟踪和实时在线监控，着力提升危险废物信息化管理水平，提升危险废物智能化监管水平，提升危险废物风险防控水平。

（2）危险废物信息化管理建设规范从各级管理部门、产生单位、运输单位、收集利用处置单位等各类角色通盘考虑，制定了危险废物全过程管理业务流程，用于表述危险废物全过程管理业务中产废单位、运输单位、处理单位、管理部门应办理的关键业务，保障地方系统业务思路一致、管理方向目标统一。

（3）危险废物信息化管理建设规范制定了危险废物全过程管理业务流程、危险废物数据流规范、业务模块建设规范，用于表述危废信息化中的产生单位管理、运输单位管理、收集利用处置单位管理、管理部门监管等业务模块必备的模块功能间逻辑、具体功能应用以及数据表单设计，并制定了物联网建设规范，用于表述在收集、转移、处置、利用等环节中，采用物联网设备采集数据时，应采集的数据内容、设备要求、传输要求等，为各地区开展物联网精细化管理提供参考和指导，为国家统一采集全国各地区物联网数据打牢基础。

全国各地区遵循危险信息化管理的规范建设，利用大数据、物联网、互联网、智能 AI 自动识别等先进信息化技术，可促进危险废物从收集、转移、处置、利用等全链条数据融合，数据自动采集、自动上传可有效解决数据采集难的问题，数据间相互关联与校验可有效解决数据采集难的问题，实现台账可平衡、问题可追溯，建立起以数据为导向支撑科学决策调度，提升危险废物信息化监管精细化、智能化水平，全面提升危险废物风险防控水平。

2.3.3 废铅蓄电池信息化管理平台建设规范

废铅蓄电池信息化管理平台建设规范以废铅蓄电池全生命周期管理为目标，故应规范废铅蓄电池从门店（废铅蓄电池产生源）—废铅蓄电池暂存点—废铅蓄电池收集站—废铅蓄电池利用处置企业的全过程信息化管控。

（1）《通则》制定了废铅蓄电池全过程管理业务流程，用于表述废铅蓄电池全过程管理业务中收集单位、集中转运点、试点单位、管理部门应办理的关键业务。

（2）《通则》制定了业务模块建设规范，用于表述废铅蓄电池信息化中的基本信息管理、网点电池收集、集中转运点电池管理等业务模块应必备的功能间业务逻辑、功能应用以及数据表单设计。

（3）全国各地区遵循废铅蓄电池信息化的规范建设，利用大数据、物联网、互联网、AI识别等先进信息化技术，以试点探索废铅蓄电池监管新模式，以试点可带动废铅蓄电池的精细化监管，建立废铅蓄电池信息化"收、转、运"体系以提升监管效能。

2.3.4 尾矿库信息化管理平台建设规范

（1）尾矿库信息化管理平台建设规范以尾矿库治理及风险评估防控为目标，以数据摸底建立"一库一档"，以数据分析为支撑制定科学化"一库一策"，以监测监控实时掌握尾矿库态势风险及应急，以任务监管保障尾矿库整改销号落实到位。

（2）《通则》从尾矿库企业、各级管理部门应用场景，制定了尾矿库信息采集填报流程；制定了尾矿库业务模块建设规范，用于规范尾矿库基本信息管理、尾矿库业务信息管理、尾矿库风险应急信息管理、尾矿库监测监控信息管理等；制定了尾矿库监测监控规范，在规范尾矿库监测监控环节中，采用物联网设备采集数据时应采集的数据内容、设备要求、传输要求等。

（3）全国各地区遵循尾矿库信息化管理平台建设规范，利用物联网、大数据、卫星遥感、5G等先进技术，开展尾矿库信息管理与风险评估，建立尾矿库基础信息、环境质量监测、风险评估、应急预案、污染整治方案、验收销号材料"一库一档"。通过尾矿库信息核实及摸底排查、尾矿库环境质量动态监测、尾矿库风险隐患识别及评估，建立销号制度，为"一库一策"制定实施提供支撑辅助，提升尾矿库信息管理与风险评估水平。

2.3.5 一般工业固体废物信息化管理建设规范

（1）一般工业固体废物信息化管理建设规范以危险废物全生命周期管理为目标，应建立一般工业固体废物环境管理台账。

《通则》从各级管理部门、产生单位、运输单位、收集利用处置单位等各类角色通盘考虑，制定了一般工业固体废物信息化管理日常台账、年报、月报的功能间业务逻辑、功能应用及数据库表单设计等规范。

（2）遵循一般工业固体废物信息化管理建设规范，保障一般工业固体废物台账制度的执行，保障与排污许可对一般工业固体废物监管的执行，保障全国一般工业固体废物核心数据地方与国家数据的互联互通，为进一步开展一般工业固体废物全链条业务的精细化、智能化夯实基础。

2.3.6 医疗废物信息化管理建设规范

医疗废物信息化管理建设规范以医疗废物全过程监管、全链条追溯、安全处置率百分百为目标，故应规范医疗废物监管的业务流程规范、数据流规范、业务模块建设规范。

（1）《通则》从各级管理部门、医疗机构、医疗废物处置机构的应用场景通盘考虑，制定了医疗废物全过程管理业务流程规范、数据流规范、业务模块建设规范、物联网建设规范。

（2）《通则》制定了业务流程规范，用于规范医疗机构、医疗废物处置机构、管理部门的关键业务；制定了医疗废物数据流规范，规范数据流向；制定了医疗废物业务模块建设规范，规范医疗废物信息化中的产生单位管理、运输单位管理、处置单位管理、管理部门监管等业务模块必备的功能模块间逻辑、功能应用以及数据表单；制定了物联网建设规范，用于表述在收集、转移、处置等环节中，采用物联网设备采集数据时，应采集的数据内容、设备要求、传输要求等，为全国统一医废物联网数据采集打牢基础。

（3）全国各地区遵循医疗废物信息化管理的规范建设，利用物联网、大数据、智能 AI 自动识别、空间信息等先进信息化技术对医疗废物的产生、转运、处置进行了全流程监管，提升对医疗监管问题的提前预警能力、突发事件处理的应变能力，实现医疗废物全链条在线监管，并与卫健部门联防联通提供支撑。

2.3.7　固体废物核心业务数据管理规范

（1）为提升业务规范、提升数据质量、提升数据挖掘能力，加强数据对业务工作的支撑，构建固体废物核心业务数据管理规范。该规范主要用于各地方信息系统的数据建模时，要求其必须涵盖核心数据。在其基础上，可支持各地方信息系统可根据自身业务需求进行精细化设计。

（2）固体废物核心业务数据管理规范主要包括企业基本信息、危险废物经营许可证信息、危险废物管理计划信息、省内转移联单信息、跨省商请信息、跨省转移联单信息、危险废物产生年报信息、处置月报信息、处置年报信息、豁免处置年报信息、一般工业固体废物产生年报信息、医疗废物产生年报信息等信息。

2.3.8　固体废物元数据管理规范

（1）为进一步规范元数据管理，强化数据抽取、存储、填录和应用过程的精细化管理，夯实数据"汇聚"基础，应打通数据融通的关键。故制定国家危险废物名录、行政区划代码、许可证类型、固体废物物理状态、危险特性、危险废物利用处置方式、铅蓄电池产品类别、一般工业固体废物利用处置方式等元数据管理规范。

（2）各地方遵循固体废物元数据管理规范，有效实施后将节约大数据共享交换、政府部门沟通等多个阶段时间及经费成本，可进一步挖掘固废数据的应用价值，可解决政府固废数据碎片化、数据孤岛、应用条块化等问题，大力提升政府固废管理能力和业务结合的创造能力。

2.3.9　数据存储规范

（1）数据存储规范对各地方、各类固体废物资源信息的存储时间要求进行规范，以满足数据留痕、回溯的要求。

（2）为保障数据真实性，防止数据泄露、篡改，数据存储规范对各地方、各类固体废物资源信息的安全管理进行规范，提出了权限管理要求、数据备份要求等其他数据安全管理方法。

2.3.10　固体废物管理信息对接接口规范

（1）固体废物管理信息对接接口规范为保障各省、地市、县（区）固体废物信息管理系统之间有效衔接，确保固体废物管理数据信息互通共享，不影响数据的正常传输，制定了固体废物管理信息对接接口说明。

（2）接口说明主要包括企业基本信息接口、经营许可证信息接口、管理计划信息接口、危险废物经营许可证申报信息接口、危险废物省内转移联单信息接口、危险废物跨省商请审批跟踪信息接口、危险废物跨省转移联单信息接口、废铅蓄电池信息接口、一般工业固体废物产生源申报登记接口、医疗废物产生源申报登记接口等。

（3）接口信息向各地市实时公开，并动态更新，各地方系统遵循全国固体废物对接规范，实现数据可通过数据接口向上级平台及全国固体废物信息管理系统进行上报，以达到无缝监管的要求，大大提升了数据对接效率和对接质量。

2.3.11 固体废物管理信息数据校核规范

（1）为保障数据对接的准确性，制定了固体废物管理信息数据校核规范，开展准确性校核、适用性校核、及时性校核、一致性校核等自动校核。

（2）校核内容包括各地方信息系统对于企业基本信息、经营许可证信息、管理计划信息、危险废物经营许可证申报信息、危险废物省内转移联单信息、危险废物跨省商请审批跟踪、危险废物跨省转移联单、废铅蓄电池信息、一般工业固体废物产生源信息、医疗废物产生源信息进行严格数据校核等。

（3）各地方信息系统对接全国固体废物信息管理系统时，同样按照该校核规范进行数据校核，方可接收，大大提升数据对接效率同时保障了数据质量。

2.3.12 固体废物管理信息对接时限规范

（1）为进一步规范与促进各地方信息系统与全国固体废物管理信息系统对接，故制定固体废物管理信息对接时限规范。实时数据（如经营许可证数据、跨省商请数据、转移联单数据、产废台账、处置台账数据等）应实时与全国固体废物管理信息系统进行对接。非实时数据（如年报、月报等）应定期与全国固体废物管理信息系统进行对接。基础数据（如危险废物名录、行政区划、利用处置方式等）地方系统应从全国固体废物管理信息系统获取。

（2）各地方遵循固体废物管理信息对接时限规范，可有效促进数据汇聚，提升数据共享及时性。

2.3.13 关键业务统一编码规范

（1）关键业务统一编码规范是固体废物管理全国统一性的重要抓手，是固体废物数据的重要身份标签，可快速进行数据流转、数据共享、数据追溯。

（2）关键业务统一编码规范包括对涉废企业编号、转移联单编号规范、台账批次号规范、危险废物包装物编码规范、一般工业固体废物包装物编码规范、电池或托盘码规范、豁免经营许可证号规范、经营许可证电子证照编码规范、尾矿库编码规范等。

（3）各地方遵循关键业务统一编码规范，保障了固体废物信息化监管的统一性，大大提升固体废物管理信息化监管效能。

2.3.14　数据对接情况统计分析规范

（1）数据对接情况统计分析规范在全国固体废物信息管理系统中，针对各地区、涉废企业的数据对接情况进行统计分析，并将分析结果进行展示、通报。

（2）数据对接情况统计分析规范统计范围包括数据对接评价、对接不及时率、信息缺失率、对接退回率、重传失败率、申报不匹配率、联单缺失率、联单未闭环率、对接故障率、物联网应用情况等。

（3）基于数据对接情况统计分析，可直观反映地方数据与国家数据共享情况，可鼓励和督促各地方按照数据对接情况统计分析规范开展地方系统的建设与数据对接，提升各地方固体废物管理信息化建设的积极性，促进全国固体废物管理"一盘棋"的布局形成。

第 3 章

固体废物网络安全和数据安全管理

3.1 引言

党的十八大以来，生态环境管理部门在固体废物网络安全和数据安全建设方面，全面贯彻落实习近平生态文明思想、党的十九届历次全会和党的二十大精神，坚决贯彻"十四五"规划和 2035 年远景目标纲要中关于建设数字化中国和打造网络安全强国的重要部署，认真落实生态环境部领导关于生态环境网信工作和固体废物信息化工作的指示精神，全面推进网络安全和信息化建设工作。按照"四统一、五集中"要求和"三步走"路线，在固体废物全国一盘棋管理的战略背景下，加强企业端智能化平台建设，提升数据采集效率与质量，加强企业智能化服务，加快"大环境、大平台、大系统、大数据、大安全"建设，强化网络安全保障工作。

3.2 网络安全和数据安全概述

3.2.1 网络安全与数据安全的定义

"十四五"规划和 2035 年远景目标纲要把统筹发展和安全列入纲要，作为一切国民社会经济发展的前提，要求建立完善的安全体系，要坚持总体国家安全观。在"十四五"规划和 2035 年远景目标纲要中，"三新发展"即"新阶段、新理念、新格局"贯穿全文，其中关于"数字化"关键概念以 25 次的高频出现，数字化转型和建设是接下来 5 年规划的重中之重，而网络安全、数据安全、信息安全作为支撑数字化发展的基础安全保障措施，也被频繁提及。

网络安全是以网络为主要的安全体系的立场，主要涉及网络安全域、防火墙、网络访问控制、抗 DDOS 等场景，更多是指向整个网络空间的环境。网络信息和数据都可以存在于网络空间之内，也可以是网络空间之外。"数据"可以看作"信息"的主要载体，信息则是对数据作出有意义分析的价值资产，常见的信息安全事件有网络入侵窃密、信息泄露和信息被篡改等。而数据安全是以数据为中心，主要关注数据安全周期的安全和合规性，以此来保护数据的安全。常见的数据安全事件有数据泄露、数据篡改等（图3.1）。

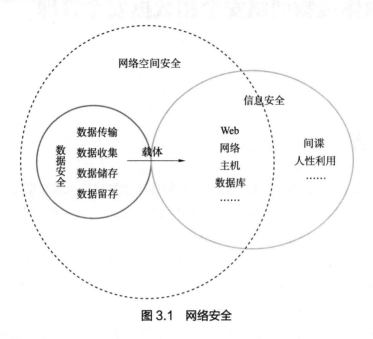

图 3.1　网络安全

3.2.2　网络安全与数据安全的发展

网络安全经历了信息安全时期、网络安全时期、数据安全时期3个阶段。信息安全是从20世纪80年代开始就被广泛认知的概念，主要强调信息传递过程中的可靠性、可用性、完整性、不可抵赖性、保密性、可控性、真实性等问题；2014年以后，中国信息化的发展重心逐渐从普通网民转向政企机构，从消费互联网向产业互联网升级。互联网安全的概念也进一步扩展至网络安全，或者说"互联网+时代"的网络安全；2015年以后，数据驱动安全思想开始广泛流行。人们开始更多地考虑在内部业务系统的IT环境中部署安全措施，并将各种安全措施与云端相连，将外部第三方安全大数据与内部安全大数据结合起来，提升整体安全防护能力。

一方面，从1994年接入互联网以来，我国用20多年的时间迅速成为一个网络大国，聚焦信息化，用互联网助推经济发展，造福人民，并形成了具有中国特色的数据经济新形态。另一方面，我国网信事业也面临严峻挑战和考验。建设并完善相应的网络安全能力体系，保障关键信息基础设施（政府、医疗、教育、电力和通信等）的安全，成为我国当下必须解决的难点，也是必须要打赢的攻坚战。

3.2.3　我国网络安全政策法规

随着网络安全建设上升到国家战略高度，我国相关网络安全政策法规逐步颁布与完善。

1. 中华人民共和国网络安全法

第十二届全国人民代表大会常务委员会第二十四次会议表决通过《中华人民共和国网络安全法》（以下简称《网络安全法》），并于 2017 年 6 月 1 日起正式施行。《网络安全法》是我国第一部全面规范网络空间安全管理方面问题的基础性法律，是我国网络空间法治建设的重要里程碑，是依法治网、化解网络风险的法律重器，是让互联网在法治轨道上健康运行、促进各行各业顺利推进数字化转型的重要保障。该法律进一步界定关键信息基础设施范围；对攻击、破坏我国关键信息基础设施的境外组织和个人规定相应的惩治措施；增加惩治网络诈骗等新型网络违法犯罪活动的规定等。《网络安全法》主要通过以下 3 个制度对网络服务提供者的相关义务和责任进行了规范："网络安全等级保护制度""用户信息保护制度""关键信息基础设施重点保护制度"。

2. 中华人民共和国数据安全法

《中华人民共和国数据安全法》（以下简称《数据安全法》）已由第十三届全国人民代表大会常务委员会第二十九次会议于 2021 年 6 月 10 日通过，自 2021 年 9 月 10 日起施行。草案内容共 7 章 55 条，提出了国家对数据实行分类分级保护、开展数据活动必须履行数据安全保护义务承担社会责任等要求。该草案的公布，标志着我国将数据治理的政策要求，通过法律文本的形式明确和强化。

3. 中华人民共和国个人信息保护法

2021 年 8 月 20 日，第十三届全国人民代表大会常务委员会第三十次会议通过《中华人民共和国个人信息保护法》（以下简称《个人信息保护法》）。自 2020 年 10 月以来，《个人信息保护法》历经 3 次审议与修订于 2021 年 11 月 1 日正式施行。

在信息化时代，个人信息保护已成为广大人民群众最关心、最直接、最现实的利益问题之一。《个人信息保护法》坚持和贯彻以人民为中心的法治理念，牢牢把握保护人民群众个人信息权益的立法定位，聚焦个人信息保护领域的突出问题和人民群众的重大关切。

4. 中华人民共和国密码法

2019 年 10 月 26 日，第十三届全国人民代表大会常务委员会第十四次会议表决通过《中华人民共和国密码法》（以下简称《密码法》），于 2020 年 1 月 1 日正式施行。《密码法》是我国密码领域的综合性、基础性法律，而密码相关的保障和管理任务，关系国家政治安全、经济安全、国防安全和网络信息安全。

《密码法》的制定和实施，将国家对关键信息基础设施商用密码的应用要求及时上升为法律规范，对于健全网络安全保障体系，促进密码事业和密码产业发展，为社会提供更多优质高效的密码，保障国家、组织和个人的网络信息安全发挥着重要和关键作用。

5. 网络安全等级保护制度

2017 年 6 月，《网络安全法》正式施行，其中明确规定"国家实行网络安全等级保护制度"。等级保护的要求从行政法规上升为国家法律制度。包括关键信息基础设施在内的各类网络信息系统都需至少符合等级保护的规范和要求。2019 年 5 月，国家市场监督管理总局、中国国家标准化管理委员会发布《信息安全技术　网络安全等级保护基本要求》（GB/T 22239—2019）、《信息安全技术　网络安全等级保护测评要求》（GB/T 28448—2019）、《信息安全技术　网络安全等级保护安全设计技术要求》（GB/T 25070—2019）等新版国家标准，并于 2019 年 12 月 1 日正式实施，我国等级保护制度正式进入"2.0 时代"。

《信息安全等级保护管理办法》规定，国家信息安全等级保护坚持自主定级、自主保护的原则。信息系统的安全保护等级分为以下五级，第一级至第五级等级逐级增高。

6. 贯彻落实网络安全等保制度和关保制度的指导意见

2020 年 7 月，公安部研究制定了《贯彻落实网络安全等级保护制度和关键信息基础设施安全保护制度的指导意见》（以下简称指导意见），指导意见明确要求重点行业、部门全面落实网络安全等级保护制度和关键信息基础设施安全保护制度，强调网络安全等级保护和关键信息基础设施保护的转型期，提出了"三化六防"新思想，以"实战化、体系化、常态化"为新理念，以"动态防御、主动防御、纵深防御、精准防护、整体防护、联防联控"为新举措，构建国家网络安全综合防控系统，深入推进等保和关保的积极实践，健全完善国家网络安全综合防控体系。

3.3　固体废物网络安全和数据安全建设现状

为强化各级生态环境部门固体废物环境监管能力，提升信息化管理水平，落实企业污染防治主体责任，改变传统"人海战术"的监管方式，生态环境部分别于 2012 年和 2015 年完成全国固体废物管理信息系统和废弃电器电子回收处理信息管理系统建设。按照《信息安全等级保护管理办法》的要求，全国固体废物管理信息系统和废弃电器电子回收处理信息管理系统网络安全等级均定级为三级，并完成备案。2017 年根据生态环境部"四统一、五集中"的工作安排，全国固体废物管理信息系统和废弃电器电子回收处理信息管理系统全部迁移至生态环境云，云集中部署方便了管理，但也会引发云集中部署的网络安全和数据安全问题，如采用 VPN 安全技术集中访问、数据中间件进行数据传输，增加了云数据传输的安全风险。

生态环境云通过划分互联网接入区和专网区等实现业务划分，在各区域之间部署交换机和边界防火墙进行数据交互和访问控制，实现了整个系统的安全性、稳定性和保密性。同时，网络根据系统业务分类、重要性等因素划分了互联网区、业务专网区，区域之间通过核心交换机实现数据交换；各区域边界部署防火墙，配置了基本的访问控制策略实现边界访问控制。针对生态环境云面临的主要安全威胁采取了相应的安全机制，基本达到保护信息系统重要资产的作用，其内容包括以下几个方面：一是网络边界均部署访问控制设备，重要网络边界（如互联网出口）均部署二层以上的防控控制措施；二是在互联网区出口部署了链路负载均衡、云抗 DDOS 服务等措施，对网络流量进行了精细化管理；三是 DMZ 区还部署了 WAF 对网站进行安全防护，有效地规避外部攻击风险；四是内部部署了内控堡垒机，进一步保障系统网络安全。

目前，生态环境云中已经部署了防火墙、IPS、负载均衡、堡垒机、态势感知系统和数据库加密机等安全产品和技术，并在信息系统中得到广泛的应用。同时，通过咨询服务、安全评估和安全加固一类的专业安全服务与各类产品发挥出其应有的、基本的安全防护与安全保障，加强环保专网与互联网接入区的安全通告、安全巡检、监控分析、安全扫描、网站监控、策略优化、渗透测试、应急响应等能力，提升环保专网与互联网接入区的安全防护级别。对照新的网络安全发展趋势，网络安全体系建设已经从以等保为主导合规的建设，逐步转向以攻防对抗实战能力为导向的能力体系建设。

但是，生态环境云平台网络安全技防手段、基础保障能力方面还存在不足。一是由于历史原因，部分老旧的信息化系统在建设期间未考虑等级保护，未按照相应的定级配置网络安全设备，部分网络设备缺少安全功能模块和安全策略，部分软件系统也未开展网络安全风险评测。不同程度存在安全风险隐患，安全支撑能力难以满足业务发展的需求。二是网络安全监测预警能力仍处于安全设备堆叠、安全日志查看等被动防护阶段，安全信息自动化采集、智能分析、动态预警、威胁情报、溯源取证等主动发现和网络安全态势掌握等方面能力仍然不强，未能实现对全网络安全的持续性监控、流量行为分析及各类日志信息的关联分析，不能及时发现网络中存在的各种攻击威胁与异常行为，无法满足行业网络安全工作管理要求。三是网络安全注重整体防控能力，任何薄弱环节都可能导致防控工作功亏一篑。目前，各单位网络安全防控手段和技术力量没有有效整合，采取的安全技术手段不一，技术力量相对分散，易形成网络安全防控的薄弱环节，难以形成网络安全的整体防控效果。

3.4　固体废物网络安全和数据安全问题分析

在固体废物管理信息化建设和推广应用的同时，各级环保部门根据自身管理需要也在纷纷建设地方固体废物管理信息系统（以下简称自建系统），并完成国家到地方平台的对接联调工作。随着各地自建系统的不断增加，给国家系统网络安全和数据安全方面带来了更大的挑战。

3.4.1　网络安全顶层设计不够完善

传统以"合规""补漏"式网络安全建设，已经不能满足基于合理、完整、有效的保障性安全建设需求，信息安全不仅买产品、机制等"硬方法"，更需要科学、合理、合规的统筹布局、全面防御、落实责任、综合治理全局的顶层设计，从局部上升到整体，既可以提高整体安全防御能力，也可以避免资源上的浪费。

3.4.2　缺乏安全联动、主动防御、集中化安全管控措施

当前仅采用单点、静态防御，安全是对抗，不是一成不变的，随着国家对网络安全监管力度加强，关保、重保任务越来越重，需要及时调整防御策略，保证系统的有效防御、有效监测、有效响应、合理处置成为关注重点，虽然在网络建设的过程中采购了大量各类安全产品，但缺乏专业使用人员，部署不合理或在网络里存在暴露风险，设备防御能力无法验证。

3.4.3　传统网络安全架构存在"缺陷"

随着数据融合、业务逐渐发展，安全边界逐步被打破，边界彻底走向模糊化；同时，传统安全架构已经难以应对业务的快速变化，基于"信任区域"的传统安全架构存在天然的缺陷，一旦被渗透到信任区域，将无法有效隔离和保护数据资产。

3.4.4 没有覆盖数据全生命周期的安全治理措施

随着逐步深入开展数据安全建设工作，政务云系统中会存在大量的敏感信息，对大数据的采集、存储、传输、使用、销毁整个生命周期缺乏有效管控措施，存在数据的非法篡改、越权使用、大量泄露等风险，一旦敏感信息泄露会承担相关法律风险以及影响相关单位工作成效。

3.4.5 地方固体废物管理信息系统缺乏工具平台

地方信息系统安全防护薄弱，缺乏安全管控手段，尤其在县级、偏远地区较为突出；缺少覆盖到地方的资产发现和安全监测能力，存在安全产品多，使用管理复杂、设备不联动，响应效率低等一系列问题。

3.4.6 管理制度、管理流程、人员管理存在不足

尚未建立第三方服务管理制度和服务评价考核指标；未建立关键岗位人员安全审查和绩效考核制度。流量监测平台存在误报，增加策略导致业务中断；第三方业务开发人员安全开发能力不足和缺乏安全意识。

3.5 固体废物网络安全和数据安全建设目标与要求

3.5.1 固体废物网络安全和数据安全建设目标

固体废物网络安全体系建设是以满足网络安全等级保护制度为核心，坚持适度安全、技术与管理并重、分级与多层保护和动态发展原则，建立一个由策略、防护、监测和恢复组成的固体废物网络安全保障体系，深入结合各级固体废物管理信息平台政务外网、省级互联网出口、政务云、跨域交换平台、网上政务服务平台和政务大数据平台所承载的机房外部安全保障与内部环境的安全保障需求，并基于云计算、大数据、"互联网 +"等特点、系统软件特点、应用特点和数据特点，全面推进一体化安全体系的构建、系统平台优化、分层纵深设计和安全运维能力提升，包含运维管理制度、运维技术队伍、运维技术服务平台，形成"技术可落地、管理可执行、平台可扩展、安全可运营"的安全保障体系规划，最终实现"看得见、用得好、管得住"的安全总体目标。

3.5.2 固体废物网络安全和数据安全建设要求

根据新《固废法》第七十五条规定：国务院生态环境主管部门根据危险废物的危害特性和产生数量，科学评估其环境风险，实施分级分类管理，建立信息化监管体系，并通过信息化手段管理、共享危险废物转移数据和信息。

生态环境部门管理着海量固体废物信息化敏感数据信息，涉及固体废物含危险废物的名称、种类、数量、贮存、利用、处置和流向等信息，如何确保海量数据在融合与使用过程中企业和政府敏感数据不被入侵篡改和肆意泄露，有效保障固体废物信息化大数据安全，无疑是固体废物信息化建设过程中面临的艰巨难题。

固体废物数据安全建设重点是建立以数据和身份管理为双核心，场景化安全为依据的数据安全的治理体系，提升数据安全保障能力，确保信息系统的数据保密性、完整性、可用性。对数据安全能力进行集中化、标准化、规范化、常态化管理，全面掌握全域敏感数据资产分类、分级及分布情况，有效监控敏感数据流转路径和动态流向，通过集中化数据安全管控策略管理，实现数据分布、流转、访问过程中的态势呈现和风险识别。

3.6 固体废物网络安全和数据安全重点工作内容

面对复杂严峻的国内外网络安全形势，对于固体废物信息化监管而言，亟待建立覆盖全系统的安全监管体系，建立常态化、实战化的网络安全工作机制，形成条块结合、纵横联通、协同联动的综合防控大格局。

更加突出"安全可控、积极防护、动态防护、整体防护、纵深防护、精准防护与联防联动"建设方针，建立实时安全监测预警、信息共享、协同指挥、联防联控和协同处置机制，指导监督网络安全监督管理体系建设。具体包括以下重点内容。

3.6.1 建设一体化安全监管体系

建立满足一体化安全体系要求的安全监管、决策协同、通告指挥的规范体系，包括安全组织及岗位职责、安全管理制度与标准、安全工作要求与行为规范、安全监管技术工具和安全决策处理等。最后引入采集的各类安全数据，利用诸如云平台资源使用率、威胁情报、失陷主机监测、恶意代码查杀、网站云检测及防护等技术手段为整个安全监管体系赋能。

3.6.2 建设一体化安全协同体系

建立满足一体化安全体系要求的安全协同体系，对安全保障体系进行能力提升的支撑，对安全监管体系的决策给予相应支撑以及流程推进的规范体系，包括安全指挥、协同流程、应急处置、通报整改和事件闭环等。

3.6.3 建设一体化安全保障体系

从现状分析开始，利用查漏补缺的思路将合规的安全保障体系进行落地建设，更多的是满足信息安全等级保护、《网络安全法》、国家标准及行业标准的具体内容，将现有不足的安全产品及工具进行增补；再通过构建大数据分析能力，对态势感知和安全运维平台进行落地，对安全威胁做到"看得见、管得住"。一体化安全保障主要包括安全合规、安全运维、安全防护、安全管理等。

3.6.4 突出安全合规和监管

梳理固体废物管理信息系统涉及的各方角色，制定各级固体废物管理信息系统安全标准规范体系，进行等级保护测评及风险评估，持续开展安全合规性检查及指导工作，构建安全合规体系。同时充分发挥省信息中心的监管职责，对下属各业务承载机构信息安全开展全面的、科学的、体系化的监督管理工作。

3.7 固体废物网络安全和数据安全领域解决方案与关键技术

3.7.1 固体废物网络安全和数据安全总体策略

1. 网络安全技术体系策略

（1）以网络环境及业务平台为保障对象，参照以《信息安全技术　网络安全等级保护基本要求》（GB/T 22239—2019）中三级保护要求为控制要求，结合信息系统的密码应用，建设基础安全技术体系框架。

（2）安全技术体系建设覆盖物理环境、通信网络、区域边界、计算环境和安全管理中心 5 个方面。

（3）通过业界成熟可靠的安全技术及安全产品，结合专业技术人员的安全技术经验和能力，系统化地搭建安全技术体系，确保技术体系的安全性与可用性的有机结合，达到适用性要求。

（4）建设集中的安全管理平台，实现对安全系统的集中管控、分权管理。

2. 网络安全管理体系策略

（1）成立网络安全与信息化领导小组，形成等级保护基本要求和密码应用的网络安全组织体系职责。

（2）建立网络安全管理制度和策略体系，形成符合等级保护基本要求和密码应用的安全管理制度要求。

（3）建立符合系统生命周期的安全需求、安全设计、安全建设和安全运维的运行管理要求。

（4）系统安全建设过程应落实等级保护和密码应用定级、备案、建设整改、测评等管理要求。

（5）系统安全运营过程应落实等级保护和密码应用监督检查的管理要求。

3. 网络安全运营体系策略

（1）通过互联网等领域所形成的新技术适当提升安全能力，强化风险应对（监测、预警、防护、处置、溯源等）能力。

（2）建立规范的网络安全运营体系，以安全视角规范信息系统安全运营的整个过程，形成安全业务标准与流程。

（3）建立网络安全运营中心，安全运营实行分级保障，加强安全运营的可持续性建设。

3.7.2 固体废物网络安全和数据安全关键技术应用

为应对当前固体废物网络安全和数据安全中存在的问题，可应用以下的网络安全和数据安全技术。

1. 安全区域边界防护

对于区域边界访问控制、区域边界入侵防范、恶意代码和垃圾邮件防范、区域边界安全审计等技术要求。安全区域边界防护建设主要通过网络架构设计、安全区域划分，基于地址、协议、服务端口的访问控制策略；通过恶意代码防护、入侵监测/入侵防御以及安全审计管理等安全机制来实现区域边界的综合安全防护。

2. 安全通信网络防护

（1）通信网络安全传输

通信网络安全传输要求能够满足业务处理安全保密和完整性需求，避免因传输通道被窃听、篡改而引起的数据泄露或传输异常等问题。

通过采用 VPN 安全技术而形成加密传输通道，即能够实现对敏感信息传输过程中的信道加密，确保信息在通信过程中不被监听、劫持、篡改及破译；保证通信传输中关键数据的完整性、可用性。

（2）远程安全接入防护

针对有远程安全运维需求，或者远程安全访问需求的终端接入用户而言，应采用 VPN 安全技术来满足远程访问或远程运维的安全通信要求，保证敏感 / 关键的数据、鉴别信息不被非法窃听、暴露、篡改或损坏。

3. 安全计算环境防护

对于用户身份鉴别、访问控制、计算环境安全审计、计算环境恶意代码防护、数据完整性、数据保密性等技术要求，安全计算环境防护建设主要通过身份鉴别与权限管理、计算环境访问控制、终端安全基线、入侵监测 / 入侵防御、Web 应用攻击防护、恶意代码防护、安全通信传输等多种安全关键技术实现。

4. 密码应用技术

密码应用技术框架满足《信息安全技术　信息系统密码应用基本要求》（GB/T 39786—2021）技术要求，主要包括物理和环境安全、网络和通信安全、设备和计算安全、应用和数据安全、密钥管理安全技术。

5. 数据安全治理管控

数据安全治理管控应"以数据为中心，融合零信任理念，基于场景化的思路"进行设计，在对数据资产自动发现并分级分类的基础上，根据不同场景的安全需求和安全风险，统一制定安全策略并调配底层能力组件，实现数据全生命周期管理。数据安全治理管控平台（DSMP）是数据安全保障的作战指挥系统，在整个数据安全治理体系中处于核心的枢纽地位：向上承接各类制度规范的拆分和解读，使之成为具体可落地、可执行的安全策略；向下基于统一的、全局的安全策略，驱动和调度各种能力组件（数据安全产品）执行各种安全策略。

6. 隐私计算

隐私计算是指在保护数据本身不对外泄露的前提下实现数据分析计算的技术集合，达到对数据"可用、不可见"的目的；在充分保护数据和隐私安全的前提下，实现数据价值的转化和释放；在不传递原始数据或保护原始数据的前提下，实现数据的分析、计算、应用的一类技术集合或体系。

7. 区块链安全

依托区块链技术，整合服务通道实现统一开放安全的数据交换体系为应用层提供数据可信共享交换服务。通过区块链可对各种数据处理行为进行审计，包括访问、计算、销毁等，也可以对其他涉及数据的操作进行记录，如算法开发、发布等。

02

第二篇　危险废物全过程管理应用

第 4 章
危险废物产生源管理

危险废物指列入国家危险废物名录或者根据国家规定的危险废物鉴别标准和鉴别方法认定的具有危险特性的固体废物。危险废物来源广泛、成分复杂，具有腐蚀性、毒性、易燃性、反应性和感染性等特性，其贮存、转移、利用处置各环节都存在环境风险，是固体废物环境管理的重点。随着我国经济的快速发展、产业结构的多元化，危险废物的产生量增长迅速，种类也变得越来越复杂。新修订的《固废法》对危险废物全过程管理提出了更细化的要求，我国十分重视对危险废物污染的防治工作，并将其作为防治的重点，实行严格的全过程管理和控制措施。

4.1 我国危险废物产生现状

4.1.1 总体情况

2020 年，全国开展申报的危险废物产生单位 20 余万家，申报产生危险废物 8 000 余万吨。其中，危险废物年产生量 10 t 及以上的单位近 5 万家，占申报单位数量的 20%，申报产生量占全国申报产生总量的 99.8%；产生量 10 t 以下的单位 17 万家，占申报单位数量的 78.8%，申报产生量占全国申报产生总量的 0.2%。

4.1.2 危险废物产生地区分布

东部地区危险废物产生单位 14 万家，申报产生危险废物 3 000 余万 t，占全国产生量的 42%；中部地区危险废物产生单位 3 万余家，申报产生危险废物 1 000 余万 t，占全国产生量的 14%；西部地区危险废物产生单位 5 万余家，申报产生危险废物 3 000 余万 t，占全国产生量的 40%。其中，山东省、江苏省、内蒙古自治区、广东省、四川省危险废物申报产生量居全国前 5 名，合计 3 329.0 万 t，占全国申报产生总量的 39.4%。

4.1.3 危险废物产生行业分布

按废物产生行业划分为制造业，采矿业，电力、热力、燃气及水生产和供应业，水利、环境和公共设施管理业，居民服务、修理和其他服务业 5 个行业单位危险废物申报产生量占全国 2020 年申报产生总量的 98%。其中，制造业危险废物申报产生量占全国 2020 年申报产生量的 72%。

制造业中，化学原料和化学制品制造业，有色金属冶炼和压延加工业，石油、煤炭及其他燃料加工业，黑色金属冶炼和压延加工业，金属制品业 5 个行业企业危险废物申报产生量占全国 2020 年申报产生总量的 56%。产生情况如图 4.1 所示。

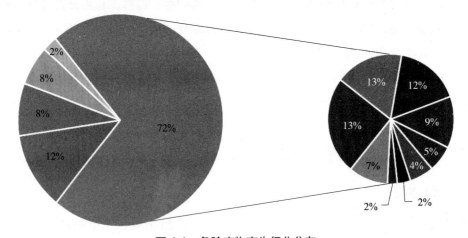

图 4.1　危险废物产生行业分布

4.1.4 危险废物产生种类分布

按废物种类划分，申报产生量位居前 5 名的废物类别为 HW34 废酸、HW11 精（蒸）馏残渣、HW48 有色金属采选和冶炼废物、HW33 无机氰化物废物、HW18 焚烧处置残渣。上述种类的危险废物合计申报产生量占全国 2020 年产生量的 61.1%。

4.2　危险废物产生源管理相关制度

危险废物全过程管理主要涉及对危险废物产生、收集、贮存、运输、利用、处置等环节的管理。我国基本建成危险废物全过程管理制度体系。

4.2.1　主要国家、地区及国际组织相关制度

1. 美国

《美国资源保护与回收法》（RCRA）是美国固体废物管理的基础性法律，主要阐述由国会决定的固体废物管理的各项纲要，并且授权美国国家环境保护局（EPA）为实施各项纲要制定具体法规。RCRA 中规定了较为完备的危险废物管理制度，在危险废物管理中起着重要作用，此次交流美方主要针对以下几个方面进行了介绍：

（1）危险废物名录与鉴别

在 RCRA 中要求 EPA 制定危险废物名录，制定危险废物名录有利于对危险废物进行准确定位，方便 EPA 的管理，但因所列名录不能将所有危险废物穷尽，为弥补名录不足，EPA 出台了《危险废物鉴别条例》，规定了特殊的鉴别程序，使得危险废物鉴别管理更加完善。该鉴别程序内容详细、标准严格，总体来看可以按下列顺序判定：第一步判断待鉴定的废物是否属于固体废物，如果不属于则直接排除，如果属于则进行第二步，辨别其是否可以从危险废物的定义中排除（因危险废物的定义中对具备危险废物特性但不适用以危险废物法规制的固体废物进行排除，如家庭生活垃圾），若可以排除则直接判定其不为危险废物，若不可以排除则进行第三步，看待鉴定废物是否具有《危险废物鉴定条例》里规定的四种危险特性（可燃性、腐蚀性、反应性和毒性）之一，如果具备则属于危险废物，如果不具备则进行第四步，看其是否符合特殊规则（混合规则、衍生规则、包含规则和豁免规制）中危险废物的定义，如果符合特殊规则也可以判定其为危险废物。

（2）危险废物分级分类

根据 RCRA 的规定，美国在危险废物管理方面实行具体的分类，分别对危险废物、危险废物的产生者进行分类分级管理。对危险废物的分类，又有以产生来源为分类标准和以风险特性为分类标准之分。以危险废物的产生来源为划分标准，危险废物分为特征危险废物、其他危险废物和清单内危险废物 3 个类别。特征危险废物又称 D 类废物，是指具有腐蚀性、易燃性、反应性和毒性任一属性的废物。其他危险废物包括危险废物与其他固体废物的混合物、废物处理的衍生物以及任何含有清单类危险废物的物质。清单内危险废物又分为 F、K、P、U 4 种类型。F、K 与 P、U 类废物是按照危险废物来源的标准划分的。根据危险废物的风险特性，危险废物分为可燃性（I）、腐蚀性（C）、反应性（R）和毒性（T）4 类。

对危险废物产生者分类，是根据危险废物的月产生量将生产者分为 3 类：一是大源（LQG），指危险废物产生量≥1 000 kg/ 月或急性危险废物产生量≥1 kg/ 月的设

施；二是小源（SQG），指危险废物产生量为 100～1 000 kg/ 月或任何时间内危险废物累积 6 000 kg 以下的设施；三是有条件豁免的非常小源（VSQG），指危险废物产生量≤100 kg/ 月或急性危险废物产生量≤1 kg/ 月的设施。对产生量差距大的危险废物产生者进行分类，从而对不同产生量的产生者实施不同的管理方式。

（3）危险废物信息管理系统

RCRA Info 是 EPA 管理危险废物的数据库，该系统记录了危险废物从产生、运输到处置的详细信息，包括废物详细特性、处理设施信息以及运行情况。EPA 通过 RCRA Info 的数据来分析对比全国危险废物的总产生量与无害化处理这些废物的总能力。如果 EPA 发现将来某些处理技术能力不足，则可以通过制定相应法律法规来促进这些能力的发展，同时在技术和财政资金上提供支持。资源保护与恢复办公室（ORCR）将确认后的相关数据输入 RCRA Info 的数据系统，各州和环境保护局都可以通过系统了解危险废物的产生情况，并且可以通过两年一次的报告向公众和政府提供信息。

2. 欧盟

欧盟对危险废物的管理是欧盟环境法的一项重要内容。欧盟法律包括法规、指令、决定等几种不同的形式。对于危险废物的管理，欧盟各成员国在履行欧盟法律的同时，均有自己不同的管理制度。危险废物在德国属于"特别监督管理的废物"，德国颁布了《废物登记管理条例》，对"需要特别监督管理的废物"的收集、运输、处理等全过程的监督管理进行了严格详细的规定。根据欧盟统计局的要求，德国联邦统计局从危险废物来源开始，建立从产生到最终处置的全过程统计机制。英国有关废物管理的立法发展已有 30 多年，国会颁发的若干法律形成了英国废物管理的立法管理体系。由英国环境署制定并于 2005 年开始实施的《危险废物法规》中规定，危险废物产生单位、处理单位等必须进行记录和登记，危险废物接收单位要保留接收的危险废物的完整记录，并且每 3 个月向环境保护机构提供危险废物处置等方面的信息。

3. 日本

日本《废弃物处理法》规定，固体废物是指拥有者无法自行利用或不能有偿出售给他人的被抛弃的固态或液态物品、物质，可以分为产业废物和一般废物两种类型。其中，产业废物中的特别管理产业废物是指具有爆炸性、毒性、传染性的产业废物，类似中国危险废物的定义。日本建立了完善的特别管理产业废物统计制度，具有其独特的统计计算方法，此外还编制了一系列特别管理产业废物的统计表格，内容详尽，把调查统计可能涉及的方方面面均囊括其中。另外，日本还特别注重相关专业人员培养，这对加强我国危险废物的申报登记工作有重要借鉴作用。

根据特别管理产业废物的信息处理需要，日本环境保护部门指定特别管理产业废物信息处理中心承担信息处理业务。信息处理中心主要通过使用和管理电子信息处理系统处理特别管理产业废物的登记、报告及相关事务，其主要包括登记业务和报告业务两部分。

登记业务主要流程包括特别管理产业废物产生企业将运输或处理业务委托其他企业时，被委托企业必须使用电子信息处理系统，通过信息处理中心向环境保护部门报告特别管理产业废物的转移或者处置情况。根据日本环境保护部门有关法规的规定，信息处理中心通过电子信息处理系统，将特别管理产业废物种类、数量，接受转移或处置业务委托者的姓名、企业名称及其他所规定事项进行信息登记。报告业务主要流程包括根据日本环境保护部门有关法规的规定，从事运输业务和处置业务的被委托企业必须在规定的期限内使用电子信息处理系统，将其运行情况传送到信息处理中心；根据相关规定，处置委托企业在收到送交的特别管理产业废物最终处置结束情况管理单复印件时，必须在规定的期限内，通过电子信息将最终处置结果的报告给信息处理中心。

信息处理中心通过电子信息处理系统制作及保管处理登记业务和报告业务过程中所需要的相关业务信息、数据及文件等。同时，信息处理中心根据环境保护部门有关法规的规定，在规定的期限内将上述信息和数据进行记录和保存。

4.2.2 我国危险废物产生源管理制度

1. 危险废物名录及鉴别制度

《固废法》第七十五条规定，制定国家危险废物名录，规定统一的危险废物鉴别标准、鉴别方法、识别标志和鉴别单位管理要求。危险废物名录及鉴别制度是开展危险废物管理的基础。

1998 年，我国出台了第一版《国家危险废物名录》，并于 2008 年、2016 年进行了 2 次修订，2021 经过 3 次修订，基本实现了动态调整。《国家危险废物名录》（2021 版）将危险废物调整为 46 大类 467 种，主要明确了危险废物的类别、行业来源、代码、名称及危险特性等信息，并提出了危险废物豁免管理清单。列入豁免清单的危险废物，在所列的豁免环节，且满足相应的豁免条件时，可以按照豁免内容的规定实行豁免管理。国家出台了危险废物鉴别的标准、技术规范，明确了危险废物鉴别的程序、混合判定规则、利用处置产物判定规则、有害物质限值、检测技术要求等，以此来确定未列入《国家危险废物名录》固体废物的属性。

2. 标识制度

《固废法》第七十七条规定，对危险废物的容器和包装物以及收集、贮存、运输、利用、处置危险废物的设施、场所，应当按照规定设置危险废物识别标志。危险废物识别标志制度是指用文字、图像、色彩等综合形式，表明危险废物的危险特性，以便于识别和分类管制的制度。

《危险废物贮存污染控制标准》（GB 18597—2001）规定，盛装危险废物的容器上必须粘贴本标准附录A所示的标签，并在标准附录A中对危险废物标签样式、危险废物种类标志等方面做了具体规定。《环境保护图形标志　固体废物贮存（处置）场》（GB 15562.2—1995）对固体废物贮存、处置场的警示标志做了规定。《医疗废物专用包装袋、容器和警示标志标准》（HJ 421—2018）规定，医疗废物包装袋的颜色为淡黄，颜色应符合GB/T 3181中Y06的要求，包装袋的明显处应印制标准中所示的警示标志和警告语，并对警告标志的样式和警告语做了规定。

3. 管理计划、台账和申报制度

《固废法》第七十八条规定，产生危险废物的单位，应当按照国家有关规定制定危险废物管理计划；建立危险废物管理台账，如实记录有关信息，并通过国家危险废物信息管理系统向所在地生态环境主管部门申报危险废物的种类、产生量、流向、贮存、处置等有关资料。实施危险废物管理计划、台账和申报制度，可以实现危险废物从产生到处置全过程的跟踪，对防控危险废物环境风险具有重要作用。

2016年，环境保护部印发《危险废物产生单位管理计划制定指南》，提出了危险废物管理计划编制的基本原则、基本要求、主要内容和建立台账的有关要求；明确了危险废物管理计划和危险废物台账的表格样式等。危险废物管理计划制订后应当报产生危险废物的单位所在地生态环境主管部门备案，发生变更时应当及时变更相关备案内容。危险废物管理计划制度是由产生危险废物的单位按照国家有关规定制定的。哪些"产生危险废物的单位"应当制订危险废物管理计划，应按照国家有关规定执行。《危险废物产生单位管理计划制定指南》规定了危险废物管理计划由具有独立法人资格的产生危险废物的单位制定，不具有独立法人资格的分公司或者生产基地，按照属地管理原则划分制定单位；提出了危险废物管理计划编制的基本原则、基本要求、主要内容和建立台账的有关要求；明确了危险废物管理计划和危险废物台账的表格样式等。危险废物管理计划的内容包括减少危险废物产生量和环境危害性的措施以及危险废物贮存、利用、处置措施，这些措施应当符合危险废物污染防治的有关国家标准和技术要求。产生危险废物的单位制订危险废物管理计划的同时，还应向所在地生态环境主管部门进行申报登记，申报的内容包括危险废物的种类、产生量、流向、贮存、处置等有关资料。对于人们日常生活中使用某种产品可能产生数量较少或环境危害极小的危险废物，可不进行申报登记，但要妥善处置，防止污染环境和危害人体健康。为推进危险废物管理工作信息化，生态环境部门开展了固体废物管理信息系统建设，启动了国家危险废物信息管理。建设国家危险废物管理信息系统后，通过国家危险废物信息管理系统可以方便危险废物产生单位快速有效地申报危险废物相关数据，生态环境部门也可以高效地开展数据统计分析和监督管理工作。

为推进危险废物管理工作信息化，国家建立危险废物信息管理系统，方便危险废物产生单位快速、有效地申报危险废物相关数据，并可以高效开展数据统计分析和监督管理工作。将危险废物管理计划备案相关流程纳入国家危险废物管理信息系统，实现危险废物管理计划和危险废物申报登记、转移联单等流程相互校验，强化危险废物的环境管理和风险防控。

4.3 危险废物产生源信息化管理进展

4.3.1 危险废物产生源信息化管理的必要性

1.传统危险废物环境管理管理不足

目前企业在危险废物管理中，无论是基础配置和流转过程，还是统计查询方面均存在不足之处。

一是管理过程缺乏动态跟踪。危险废物产生、储存、转移、综合利用、处理处置等环节涉及不同部门和人员，存在管理人员职责不清、信息反馈渠道不畅、缺乏沟通等，造成各环节缺少有效监管，无法实现有效的跟踪监控，导致不能准确、实时地获取动态数据。二是存在统计数据与实际情况不符的情况。危险废物产生量与移交入库量不符、入库量与出库处置量、出库量与转移联单量不符等现象，导致危险废物申报登记工作和管理台账不够规范，危险废物基础数据不完整、不客观。三是过程资料无法长期留存。每年都会产生大量的纸质资料、数据，这些过程性资料的存放占据较大的存放空间，不方便查阅、无法长期有效保存。

由于上述种种原因，造成企业对危险废物的有关管理制度执行不到位，加之当前存在危险废物管理任务繁重、人员严重短缺、监管人员失职渎职等现实问题，传统的完全依靠人力进行危废管理的状态远不能适应对危险废物"要实施全过程、全生命周期管控"的法定要求。为提高工作效率，增强管理决策的科学性与有效性，必须响应国家"互联网＋"战略要求，采取物联网、大数据等智慧技术手段和管理理念，探索建设危险废物物联网监管系统，实施危险废物全生命周期监管，提高危险废物规范化管理水平。

依靠传统的管理模式已经不能满足我国危险废物的管理要求。而随着信息技术的发展，通过信息化技术对危险废物进行合理的监管控制，提高危险废物全流程监管的水平，已经成为危险废物管理的重要抓手。信息技术的应用可以使企业实现安全生产、业务数据符合环保规范和资源共享，提高工作效率；理顺和规范生产业务流程，消除业务过程中的重复劳动，实现处置生产的标准化和规范化；通过系统的应用协调各部门的业务，使企业的资源得到统一，降低库存，加快危险废物仓库周转的速度；提高设备管理效率，保障设备正常运行，环保合规排放，降低生产成本，实现精细化管理，进一步增强危险废物管理工作质量。

2. 面临形势与机遇

近年来，我国相继修订并下发了《中华人民共和国环境保护法》《固废法》《国家危险废物名录》《危险废物转移联单管理办法》等一系列危化品相关法律法规、规章制度，进一步明确了危险废物管理的相关要求；特别是习近平总书记在党的十九大报告中明确指出加强固体废弃物和垃圾处置，这是首次将固体废物处置写入党代会的报告，意味着国家决策层对固体废物处置的重视提到了前所未有的高度。

2015 年，"互联网+"被写入政府工作报告，国务院又连续出台了《关于积极推进"互联网+"行动的指导意见》《关于促进大数据发展的行动纲要》等系列文件，实施"互联网+"行动计划、发展物联网技术和应用；2016 年 12 月 6 日，李克强总理签发《"十三五"生态环境保护规划》提出"以提高环境质量为核心，实施最严格的环境保护制度，不断提高生态环境管理系统化、科学化、法治化、精细化、信息化水平""开展重点行业危险废物污染特性与环境效应、危险废物溯源及快速识别、全过程风险防控、信息化管理技术等领域研究，加快建立危险废物技术规范体系""构建生产、运输、贮存、处置环节的环境风险监测预警网络，建设'能定位、能查询、能跟踪、能预警、能考核'的危险废物全过程信息化监管体系"。近年来，危险废物管理信息化管理手段也得到了快速、有效的发展。

4.3.2 危险废物产生源信息化管理现状

《固废法》第十六条指出，国务院生态环境部门应当会同国务院有关部门建立全国危险废物等固体废物污染环境防治信息平台，推进固体废物收集、转移、处置等全过程监控和信息化追溯。全国固体废物管理信息系统于 2012 年完成建设并进行试运行，2017 年正式开始在全国推广应用。该系统由固体废物产生源管理、危险废物转移联单管理、危险废物经营许可证管理、危险废物出口核准管理、危险废物产生单位管理计划管理、废物进口管理等模块组成，实现了企业通过信息系统开展全国危险废物产生源数据申报、危险废物转移电子联单应用和危险废物经营单位年度经营情况数据报送。被纳入系统管理的企业数量和业务数量逐年增加。通过全国固体废物管理信息系统建设和应用，在一定程度上摸清全国固体废物产生、转移、利用处置的底数，形成全国固体废物全过程综合管理能力，初步实现固体废物收集、转移、处置等全过程监控和信息化追溯。

2020 年，全国 20 余万个危险废物产废企业通过信息系统完成了危险废物产生源数据的报送和危险废物产生单位管理计划的电子备案。该系统实现了危险废物产生源数据逐级申报登记，危险废物产生单位可针对上一年度本单位产废情况和污染防治情况等内容进行填报，然后经过县、市、省级生态环境保护主管部门进行汇总审核，最后汇入国家系统。

（1）实现全国危险废物产生源数据的报送，一定程度上摸清了全国危险废物的产生情况。所填数据均来自企业自主在线填报，包括企业的产废情况、自行利用处置设施情况、自行利用处置情况和委外处置等情况，所汇总的产生源数据可以根据危险废物的类别、行业、处置方式、去向等进行细化分类统计，并可以全面掌握产废企业的各类信息，有效弥补了环境统计数据中固体废物部分数据的不足。同时，由于部分地区扩大了填报数据的主体范围，实行产废即报，填报范围不仅包括工业产废源，还包括社会产废源，也使被纳入全国固体废物信息系统中的产废数据多于环境统计数据。

（2）实现危险废物管理计划电子备案可全面掌握危险废物产生单位的企业基本信息、计划产废情况、计划转移情况、自行利用处置情况、委托处置情况和环境监测情况，是实现危险废物管理源头管控的重要一环。开展危险废物管理计划电子备案，还可实现对危险废物转移电子联单数据和危险废物利用处置数据的有效校核。

（3）研究危险废物全过程智能化可追溯管控技术。当前我国涉及危险废物产生源的信息繁多，危险废物共分为 49 大类共 700 多种，包括危险废物产生环节、种类、基本属性、产生企业行业信息及产品情况等。目前我国对危险废物产生源监管已实施统一申报登记管理制度，并辅助建立了信息化系统实现申报数据采集汇总。涉废单位按照管理制度进行相关信息申报。但在现实管理中，涉废单位产生申报不及时、数据不准确等现象屡见不鲜。因此，将智能地磅、电子标签、视频等技术引入危险废物产生环节管理对危险废物源头管理具有重要的意义。

产生单位可采用智能地磅在固态危险废物产生阶段对危险废物进行称重，危险废物重量自动上传，实现危险废物数据的动态采集，在平台中自动生成电子台账，实现危险废物即产生即申报。平台可为每笔危险废物生成唯一的二维码，将二维码打印成相应的标签，粘贴于危险废物包装上；也可通过 RFID 技术，把 RFID 卡作为载体，将危险废物种类、重量等信息与 RFID 卡进行绑定，RFID 卡附于危险废物包装上，二维码或 RFID 卡作为该包危险废物的唯一"身份证"，伴随危险废物"从摇篮到坟墓"全过程，后期危险废物贮存、转移、出入库、利用处置等各环节都可通过二维码或 RFID 卡实现对危险废物各节点的追踪，如危险废物的产生单位、产生工艺、产生时间、入库时间、转移时间等，对危险废物进行全过程智能化追溯。针对液态危险废物，在液态危险废物产生环节，产生的液态危险废物直接输送到储罐中，每个储罐上配有液位计，通过将液位计进行联网，可实时读取液位计数据，记录储罐中液位状态。采用视频监控技术，在危险废物称重区安装视频监控设备，可实时查看危险废物称重情况，同时对危险废物产废过程进行可视化记录。

从各类形态危险废物（固态、半固态、液态等）产生、贮存、转移、利用处置等过程的 100% 全覆盖智能化可追溯需求出发，分析危险废物"从摇篮到坟墓"全过程智能化可追溯管控的关键环节，研究集智能称重、二维码、射频识别（RFID，Radio Frequency Identification）、全球定位系统（GPS，Global Positioning System）、视频监控等于一体的危险废物全过程智能化可追溯技术，实现危险废物源头追溯、过程可查、末端可控。源头可溯，借助二维码的输入速度快、可靠性高、采集信息量大的特性，结合智能称重精准联网、灵活实用的特性，实现危险废物产生、贮存、称重等关键行为数据自动化采集，保证申报源头数据的及时性和准确性。

4.4　危险废物产生源信息化管理存在的问题与展望

4.4.1　存在的问题

1. 申报数据不规范

一是数据申报不及时。部分危险废物产生单位危险废物申报主体责任落实不到位，申报危险废物相关情况的主动性不足，数据申报不及时，甚至完全不申报。二是数据填报质量不高。部分危险废物产生单位填报的危险废物相关数据问题多，主要表现为危险废物种类申报不全面、危险废物产生量等数据填报不准确、危险废物贮存及利用处置设施缺失等，影响相关统计数据的准确性和流向追踪。

2. 申报数据质量控制机制不健全

一是危险废物申报缺乏细化要求。《固废法》明确了危险废物产生单位主动申报危险废物信息的责任，但缺乏具体的细化要求，申报时限、申报内容等不明确，造成申报不及时、申报不规范等问题。二是申报数据缺乏审核、使用等监管机制，部分地方生态环境部门对申报数据没有进行有效抽查审核，难以及时发现申报错误并运用申报数据依法对相关责任单位开展监管执法。三是信息系统数据审核功能需进一步完善。信息系统缺乏必要的危险废物申报数据审核功能，不能及时发现申报数据中的明显错误及数据缺失等问题，给数据统计分析带来不利影响。四是省级自建系统数据对接功能有待进一步完善。部分省级自建系统与国家系统对接的成功率比较低，存在漏传、错传现象，对接数据的完整性被迫采取人工校核，工作负担沉重。

3. 数据深度挖掘不够

目前，申报或对接到平台数据信息量大，但对数据价值尚欠挖掘、利用，部分数据和信息尚未发挥出应有的作用。尚未对同一家企业历年情况进行纵向分析、同行业不同企业进行横向比较分析等，各行各业危险废物产生情况尚未统一梳理，未实施统一规范管理。

4.4.2 展望

持续优化升级全国固体废物管理信息系统，突出智能化、智慧化、可视化，进一步建设完善平台的预警预报、现场互动及"一企一档"等功能。进一步加强平台的推广应用，督促危险废物企业及时申报、录入信息，完善管理计划和日常电子台账，及时核查企业申报数据的合理性与逻辑性。在互联网、云服务、大数据等技术发展推动下的当今，利用最新信息化技术手段进行固体废物信息化管理，实现危险废物全过程信息化智能化管理。

第5章

危险废物转移管理

危险废物转移，是指以贮存、利用或者处置危险废物为目的，将危险废物从移出人的场所移出，交付承运人并移入接受人场所的过程。危险废物转移管理制度是危险废物环境管理的一项重要制度，对于监督危险废物的转移流向具有重要作用，从而保障危险废物得到合理的利用和处置。

5.1　国外危险废物转移管理现状

5.1.1　德国危险废物转移的管理

对于危险废物的转移管理工作，德国初期主要采取危险废物转移联单制度进行管理。危险废物的所有转移，都要通过危险废物转移联单系统进行管理如图 5.1 所示；德国的危险废物转移联单总共有 6 联，产生者 2 联（运输者及处理者分别给的1 联）、运输者、处理者、产生者所在地环保局和处理者所在地环保局各 1 联。每一联都需要按规定填写，并由当地的环保部门负责转移联单的检查。

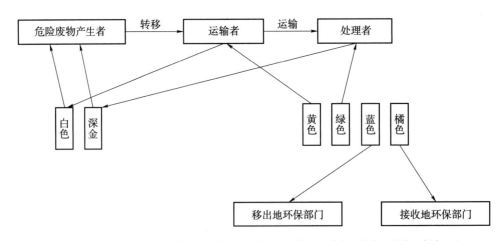

（联单一共由 6 联不同颜色的联单组成，分别为白色、深金、黄色、绿色、蓝色和橘色。）

图 5.1　德国危险废物转移联单的运转方式

德国从 1998 年开始推广使用危险废物监督管理计算机系统（ASYS）。通过扫描系统输入危险废物转移联单信息，大大降低了工作量。通过该计算机系统可实现危险废物的产生量、处理量以及往年数据比较等数据统计。

德国危险废物转移的特点：重视转移计划和企业责任。对于待转移的危险废物成分及利用 / 处置方式有详细的要求；联单相对简化，联单为 6 联，处置单位直接向移出地环保局递送联单。

5.1.2　美国危险废物转移的管理

美国将危险废物作为固体废物的重点进行管理，对危险废物执行的管理和控制标准更加严格。一方面在各类相关法律法规中，对危险废物进行了详尽的列表，同时对危险废物的鉴别进行了定量化；另一方面针对危险废物的转移制定了跟踪制度，通过转移联单制度实现了对危险废物全生命周期管理。

根据危险废物不同的产生量，美国分成了大源（月产生量＞1 000 kg）、小源（1 000 kg＞月产生量＞100 kg）、豁免小源（月产生量＜100 kg）3 类进行分类分级管理。对于小源，一般只要求集中危险废物到相关处置设施再进行处理；对于大源，产生者必须承担危险废物的识别、必要的包装、安全的转移处置等一系列的法律责任与义务。

美国危险废物转移的特点：实行 6 联单，见表 5.1；对于不同产生量的单位实施区别对待"抓大放小"；对于产生量大的危险废物企业实施两年一次的汇报制度。

表 5.1　美国危险废物转移联单

联单 1	危险废物利用处置单位送往所在（接受）地州（如果需要）
联单 2	危险废物利用处置单位送往移出地所在的州（如果需要）
联单 3	危险废物利用处置单位送往场所单位
联单 4	危险废物利用处置单位保存
联单 5	运输单位保存
联单 6	产废单位保存

5.1.3　日本危险废物转移的管理

由于危险废物具有腐蚀性、有毒有害性，如果不采取特殊的方法进行收集、运输和处置，有可能对生存环境和公众健康造成巨大伤害，日本将其命名为"特别管理废弃物"并进行了单独的特别规定。日本建立了专门的危险废物信息管理数据库，完善了危险废物交换信息系统，可以实现危险废物转移和关联信息同步化的危险废物转移机制，大大促进了危险废物的无害化、资源化和减量化。

日本危险废物转移的特点：无转移计划；所有的产业废物都实施转移联单制度；转移联单见表5.2，具有很强的追溯性（从产生到处理和最终处置）；不向移出地环保部门和接受地环保部门递交转移联单。

表5.2　日本危险废物转移联单

联单 A	排放单位备份
联单 B1	运输单位备份
联单 B2	运输单位向排放单位提交，用于确认搬运结束
联单 C1	处理单位存用
联单 C2	处理单位向搬运企业提交，用于确认处理结束
联单 D	处理单位向排放单位提交，用于确认处理结束
联单 E	处理单位向排放企业提交，用于确认最终处置结束

5.2　我国危险废物转移管理现状

5.2.1　危险废物转移管理的发展历程

为强化危险废物转移管理，国家环境保护总局于1999年发布的《危险废物转移联单管理办法》（以下简称《联单办法》）对于规范危险废物转移活动，防止危险废物环境污染，起到了积极的作用。《联单办法》主要规定了危险废物转移前，排放单位须按国家规定报批转移计划；经批准后，方可向移出地环境保护行政主管部门领取联单；明确了危险废物转移联单的格式及运行要求。

随着我国经济社会快速发展，危险废物产生量、转移量、利用处置量均快速增加，原有的危险废物转移管理制度，越来越不适用现阶段的危险废物环境管理。如危险废物跨省转移需要从转出地到转入地经历省（区、市）、市、县6个层级审批，历时数月之久，严重影响了部分具有利用价值且价格波动较大的危险废物的市场行为。每个省每年需要处理几万份跨省转移联单，传统的纸质联单难以对危险废物转移进行跟踪管理。

为落实国家关于"放管服"改革要求，2016年国家对《固废法》进行了修订，取消了危险废物省内转移计划的审批。2017 年，环境保护部正式印发《关于全面开展全国固体废物管理信息系统应用工作的通知》（环办土壤函〔2017〕231 号），要求各省级环保部门于 2017 年 9 月 30 日前，通过危险废物转移管理信息系统开展转移计划备案和省内转移电子联单应用。2019 年，生态环境部印发的《关于提升危险废物环境监管能力、利用处置能力和环境风险防范能力的指导意见》（环固体〔2019〕92 号）提出全面运行危险废物转移电子联单；生态环境部办公厅印发的《关于加快推进全国固体废物管理信息系统联网运行工作的通知》（环办固体函〔2019〕193 号）要求，自 2020 年 1 月 1 日起原则上停止运行纸质危险废物转移联单。

近年来，危险废物环境违法事件频发，习近平总书记等中央领导同志就危险废物非法转移、倾倒违法案件多次作出重要指示批示。中共中央、国务院《关于全面加强生态环境保护　坚决打好污染防治攻坚战的意见》明确指出，完善危险废物转移管理制度，严厉打击危险废物非法跨界转移、倾倒等违法犯罪活动。新修订的《固废法》中规定，危险废物转移管理应当全程管控、提高效率，具体办法由国务院生态环境主管部门会同国务院交通运输主管部门和公安部门制定。2021 年，生态环境部联合交通运输部、公安部印发《危险废物转移管理办法》（以下简称《转移办法》），明确了危险废物转移各相关方的责任，规定了危险废物跨省转移及危险废物转移联单的相关要求，有效加强了对危险废物转移的管理。

5.2.2　危险废物转移联单现状

1. 纸质联单

危险废物转移纸质联单共分 5 联，颜色：第一联，白色；第二联，红色；第三联，黄色；第四联，蓝色；第五联，绿色。危险废物产废单位每转移一车、船（次）危险废物，应当填写一份联单。每车、船（次）有多类危险废物的，应当按每一类危险废物填写一份联单。加盖公章，经交付危险废物运输单位核实验收签字后，将联单第一联副联自留存档，将联单第二联交移出地环境保护行政主管部门，联单第一联正联及其余各联交付运输单位随危险废物转移运行。危险废物运输单位应当如实填写联单的运输单位栏目，按照国家有关危险物品运输的规定，将危险废物安全运抵联单载明的接受地点，并将联单第一联、第二联副联、第三联、第四联、第五联随转移的危险废物交付危险废物接受单位。危险废物接受单位应当按照联单填写的内容对危险废物核实验收，如实填写联单中接受单位栏目并加盖公章。

现行危险废物转移联单（纸质转移联单）的运作流程如图 5.2 所示。

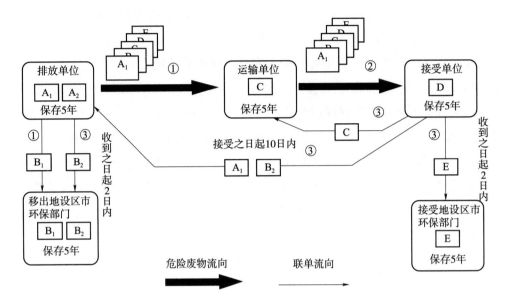

（联单的第一、二、三、四、五联用英文字母 A、B、C、D、E 表示，则第一联的正联表示为 A_1，副联为 A_2，第二联的正联表示为 B_1，副联表示为 B_2。）

图 5.2　现行危险废物转移联单（纸质转移联单）的运行流程

2.电子联单

伴随着信息化技术的发展，根据危险废物管理工作需要，江苏、上海、吉林等多个省（市）根据辖区内实际需求制定、发布了危险废物电子转移联单运行程序或要求等管理文件，见表 5.3。危险废物转移电子联单的运行优化了转移办理流程，节约了人力、物力和时间，同时也极大地方便了企业和环境保护部门对危险废物转移的管理工作，方便了企业办事查询，透明了办理环节和责任，提高了转移办理服务效率，加强了事中事后监管，用户普遍反映良好，提高了危险废物管理信息化水平。同时，很多省（市）将危险废物电子转移联单与危险废物产生源动态台账相关联，只有将台账填写完整后，才能运行危险废物电子转移联单，实现对危险废物产生源的动态监管，使管理更加精细化。危险废物电子转移联单是一个动态过程记录，与产废企业申报、经营单位接收处置形成数据逻辑链条，促使企业主动如实申报，规范经营单位台账申报，联单数据实时产生、实时反馈、数据共享、无缝调用，确保联单回归其管理的本义，即转移数据的快速、准确、无误传递。

表 5.3 各省（区、市）危险废物电子转移联单管理文件的发布情况（截至 2017 年 10 月）

序号	省级行政区	发布文件名称
1	安徽	《关于开展全省危险废物在线申报登记工作的通知》（皖环函〔2013〕500 号）
		《关于开展全省危险废物在线申报登记和转移联单电子化的通知》（皖环函〔2014〕258 号）
		安徽省《关于启用安徽省固体废物管理信息系统的通知》（固管〔2016〕14 号）
2	广东	《广东省环境保护厅关于加强固体废物管理信息平台使用管理的通知》（粤环函〔2014〕938 号）
		《关于启用新固体废物管理信息平台的通知》（粤环办函〔2016〕383 号）
3	湖北	《湖北省环保厅关于启动运行湖北省危险废物监管物联网系统的通知》（鄂环发〔2014〕37 号）
		湖北省《关于危险废物跨省转移功能上线运行的通知》（鄂环固函〔2017〕15 号）
4	江苏	《关于实施危险货物道路运输电子运单管理制度的通知》（苏交运〔2015〕51 号）
		《关于做好江苏省危险废物动态管理信息系统运行工作的通知》（苏环办〔2011〕258 号）
		《关于开展危险废物转移网上报告制试点工作的通知》（苏环办〔2013〕284 号）
		《关于全面开展危险废物转移网上报告工作的通知》（苏环办〔2014〕44 号）
		《关于进一步推进危险废物转移网上报告试点工作的通知》（苏环办〔2015〕32 号）
		《关于同意徐州等四市开展危险废物转移网上报告试点工作的函》（苏环函〔2015〕164 号）
5	陕西	《陕西省危险废物电子转移联单管理办法（试行）》（陕环函〔2012〕777 号）
6	上海	《关于开展本市危险废物管理（转移）计划备案及转移联单属地化管理试点工作的通知》（2012）
7	吉林	《吉林省环境保护厅关于开展危险废物省内转移管理信息系统运行工作的通知》（2015）
8	天津	《市环保局关于启用"天津市危险废物在线转移监管平台"办理危险废物市内转移相关手续的通知》（2014）
		《市环保局关于启用"天津市危险废物在线转移监管平台"办理危险废物市内转移相关手续的通知》（2014）

序号	省级行政区	发布文件名称
9	云南	《云南省环境保护厅关于启用云南省危险废物申报登记及转移报批系统的通知》（云环通〔2016〕197号）
10	重庆	《重庆市环境保护局关于启用危险废物电子转移联单的通知》（渝环〔2010〕225号）
		《重庆市环境保护局关于启用新危险废物电子转移联单系统的通知》（渝环办〔2017〕42号）
11	江西	《关于印发〈"十三五"江西省危险废物规范化管理督查考核工作方案〉的通知》（2017）
12	海南	《海南省生态环境保护厅关于全面开展海南省固体废物管理信息系统应用工作的通知》（琼环土字〔2017〕18号）
13	山西	《山西省环境保护厅关于在全省开展全国固体废物管理信息系统应用工作的通知》（晋环土壤函〔2017〕126号）
14	四川	《四川省环境保护厅办公室关于开展全省固体废物管理信息系统应用工作的通知》（川环办发〔2017〕60号）
15	浙江	《关于贯彻落实全国固体废物管理信息系统应用工作的通知》（浙环便函〔2017〕260号）
16	黑龙江	《关于做好黑龙江省固体废物环境管理信息系统应用的通知》（黑环办〔2017〕205号）
17	青海	《关于开展青海省危险废物转移电子联单试运行工作的通知》（青环发〔2017〕168号）
18	贵州	《关于贵州省危险废物转移实施电子转移联单有关事宜的通知》（黔环通〔2017〕256号）
19	宁夏	《关于做好全区固体废物申报登记和启用危险废物电子转移联单工作的通知》（宁环办固体发〔2017〕57号）
20	福建	《关于应用全省固体废物环境监管平台的通知》（闽环保固化〔2017〕4号）
21	河北	《关于河北省固体废物动态信息管理平台应用有关工作的通知》（冀环办发〔2017〕53号）
22	内蒙古	《内蒙古自治区环境保护厅关于全面开展固体废物管理信息系统应用工作的通知》（内环办函〔2017〕158号）
23	新疆生产建设兵团	《关于开展固体废物管理信息系统应用工作的通知》（兵环电〔2017〕22号）

序号	省级行政区	发布文件名称
24	河南	《河南省环境保护厅关于启用河南省固体废物管理信息系统的通知》（豫环明电〔2016〕42 号）
		《河南省环境保护厅关于省内危险废物转移实行电子联单管理的通知》（豫环文〔2016〕435 号）
25	广西	《关于组织开展危险废物转移联单系统使用的函》（桂固管函〔2017〕14 号）
26	山东	《山东省环保厅关于全面开展全国固体废物管理信息系统应用工作的通知》（鲁环明传〔2017〕65 号）
27	北京	《北京市环境保护局关于固体废物管理系统上网运行的通知》（京环发〔2006〕106 号）
		《北京市环境保护局关于新固体废物转移管理系统上线运行的公告》
28	湖南	《湖南省环境保护厅关于开展全省固体废物管理信息系统应用工作的通知》（湘环函〔2017〕197 号）

5.2.3 跨省转移管理现状

1. 总体情况

2020 年 1—12 月，全国跨省转移危险废物 10 余万批次，共转移危险废物 200 余万 t，其中，危险废物跨省利用量占 87.2%，跨省处置量占 12.1%；跨省收集量占 0.7%。危险废物跨省移出量最多的前 10 个省级行政区，主要为东部发达地区，占全国跨省转移总量的 65.64%；危险废物跨省接受量最多的 10 个省级行政区，主要为中西部地区，占全国跨省转移总量的 72.53%，见表 5.4；跨省转移危险废物的转移类别为 HW49 其他废物、HW48 有色金属冶炼废物、HW11 精（蒸）馏残渣、HW17 表面处理废物，占转移总量的 57.54%。

表 5.4 2020 年危险废物跨省移出量和接受量排名前 10 位的省级行政区

序号	省级行政区	跨省移出量占移出总量比重 /%	省级行政区	跨省接受量占移出总量比重 /%
1	江苏省	15.52	内蒙古自治区	14.39
2	浙江省	9.39	贵州省	10.41
3	广东省	6.92	河南省	9.94
4	天津市	5.53	江西省	7.45
5	内蒙古自治区	5.51	安徽省	5.87

续表

序号	省级行政区	跨省移出量占移出总量比重 /%	省级行政区	跨省接受量占移出总量比重 /%
6	山东省	5.20	宁夏回族自治区	5.70
7	安徽省	5.06	山东省	5.54
8	四川省	4.74	浙江省	5.17
9	上海市	4.12	江苏省	4.05
10	广西壮族自治区	3.65	湖南省	4.01

危险废物跨省转移以长距离（运输距离大于 500 km）转移为主。2020 年，运输距离大于 1 000 km 的危险废物跨省转移量占跨省转移总量的 23.55%；运输距离为 500～1 000 km 的危险废物跨省转移量占跨省转移总量的 33.16%；运输距离为 100～500 km 的危险废物跨省转移量占跨省转移总量的 39.67%；输距离小于 100 km 的危险废物跨省转移量占跨省转移总量的 3.62%。

2. 危险废物跨省转移限制情况

我国 32 个省级行政区中有 15 个省级行政区发布限制或禁止危险废物跨省转移的相关文件，其中以限制或禁止危险废物跨省转入为主，针对跨省转出无具体限制。黑龙江、上海、安徽、广东、四川 5 个省级行政区以地方性法规的形式对危险废物的跨省转入进行了明确限制，除作为原料综合利用的危险废物外，对利用价值低、环境风险大、以焚烧或填埋等进行处置的危险废物严格控制跨省转入；江苏、湖南、海南、甘肃 4 个省级行政区通过省政府文件形式限制危险废物跨省转入；辽宁、吉林、江西、山东、宁夏及新疆生产建设兵团通过生态环境厅文件形式限制危险废物跨省转入。此外，天津、山西等省级行政区正在研究制定限制危险废物跨省转入危险废物的政策文件。

3. 危险废物跨省转移审批请

（1）危险废物跨省转移申请材料

各省份跨省转移申请材料要求基本一致，主要包括危险废物转移申请表、危险废物产废单位、运输单位及接受单位的营业执照、运输单位的危险货物道路运输许可证、接受单位的危险废物经营许可证、产废单位与运输单位的运输协议或合同、产废单位与接受单位的处置协议等。安徽、江西等对特定危险废物跨省转移利用有特殊规定的，在接受移出地的商请材料外，还需要本地危险废物接受单位提供拟接受危险废物的检测报告，以确定相关物质含量是否满足要求。

（2）危险废物跨省转移审批条件

目前，大多数省份允许跨省转出危险废物，只要转移申请材料齐全，并符合国家和地方关于危险废物转移管理的相关要求，接受地省级生态环境部门同意移入，即可以跨省转出。辽宁、吉林、广西、新疆等省（区），以及新疆生产建设兵团规定，本省确无处置能力的危险废物可以跨省转出；福建省认为液态、半固态危险废物长途运输存在较大环境风险隐患，建议不予跨省转移；广东省对于易燃、易爆、剧毒、传染性的危险废物，本省已具有综合利用设施或处置能力的，或者在转移过程中存在较大环境污染风险的，原则上不同意移出。

允许危险废物跨省转入的省份接受跨省转入危险废物的条件为：一是危险废物拟接受单位在收集和处置危险废物过程中严格遵守国家法律法规，未发生环境违法行为等；二是符合本地区整体规划，移出单位及运输单位基本情况材料准确，拟跨省转入的危险废物满足综合利用价值高、次生固体废物产生量小、环境风险小等要求；三是拟接受单位具有相应的危险废物利用处置资质和能力，且未超过企业核准经营规模，企业正常经营，各类污染防治设施正常运行，转移过程中做好了各项应急防护措施。对于以处置为目的、危害性大或危害特性不明的危险废物，大多数省份禁止或限制跨省转入。

（3）危险废物跨省转移审批时限

当前针对危险废物跨省转移审批时限无明确要求，有时甚至出现接受地迟迟不回复移出地商请的情况。由于各省级行政区的危险废物跨省转移审核程序不同，有些省级行政区在接到移出地生态环境厅商请函后需进行公示、征求县级生态环境部门意见、市生态环境局集体审议讨论等，涉及省、市、县三级生态环境行政审批部门和技术审核部门，流程较长。

5.3 危险废物转移环节管控要求

5.3.1 相关方责任

危险废物转移相关方主要涉及生态环境部门、交通运输部门、公安机关等管理部门及移出人、承运人、接受人和托运人。其中，移出人是指危险废物转移的起始单位，包括危险废物产废单位、危险废物收集单位等；承运人是指承担危险废物运输作业任务的单位；接受人是指危险废物转移的目的地单位，即危险货物的收货人；托运人是指委托承运人运输危险废物的单位，只能由移出人或者接受人担任。

1. 管理部门责任

生态环境主管部门依法对危险废物转移污染环境防治工作以及危险废物转移联单运行实施监督管理，查处危险废物污染环境违法行为。交通运输主管部门依法对危险废物运输实施监督管理。公安机关依法查处危险废物运输车辆的交通违法行为，打击涉危险废物污染环境犯罪行为。

生态环境主管部门、交通运输主管部门和公安机关应当建立健全协作机制，共享危险废物转移联单信息、运输车辆行驶轨迹动态信息和运输车辆限制通行区域信息，加强联合监管执法。

2. 移出人责任

①对承运人或者接受人的主体资格和技术能力进行核实，依法签订书面合同，并在合同中约定运输、贮存、利用、处置危险废物的污染防治要求及相关责任；

②制订危险废物管理计划，明确拟转移危险废物的种类、重量（数量）和流向等信息；

③建立危险废物管理台账，对转移的危险废物进行计量称重，如实记录、妥善保管转移危险废物的种类、重量（数量）和接受人等相关信息；

④填写、运行危险废物转移联单，在危险废物转移联单中如实填写移出人、承运人、接受人信息，转移危险废物的种类、重量（数量）、危险特性等信息，以及突发环境事件的防范措施等；

⑤及时核实接受人贮存、利用或者处置相关危险废物情况；

⑥法律法规规定的其他义务。

移出人应当按照国家有关要求开展危险废物鉴别。禁止将危险废物以副产品等名义提供或者委托给无危险废物经营许可证的单位或者其他生产经营者从事收集、贮存、利用、处置活动。

3. 承运人责任

①核实危险废物转移联单，没有转移联单的，应当拒绝运输；

②填写、运行危险废物转移联单，在危险废物转移联单中如实填写承运人名称、运输工具及其营运证件号，以及运输起点和终点等运输相关信息，并与危险货物运单一并随运输工具携带；

③按照危险废物污染环境防治和危险货物运输相关规定运输危险废物，记录运输轨迹，防范危险废物丢失、包装破损、泄漏或者发生突发环境事件；

④将运输的危险废物运抵接受人地址，交付给危险废物转移联单上指定的接受人，并将运输情况及时告知移出人；

⑤法律法规规定的其他义务。

4. 接受人责任

①核实拟接受的危险废物的种类、重量（数量）、包装、识别标志等相关信息；

②填写、运行危险废物转移联单，在危险废物转移联单中如实填写是否接受的意见，以及利用、处置方式和接受量等信息；

③按照国家和地方有关规定和标准，对接受的危险废物进行贮存、利用或者处置；

④将危险废物接受情况、利用或者处置结果及时告知移出人；

⑤法律法规规定的其他义务。

5. 托运人责任

①应当按照国家危险货物相关标准确定危险废物对应危险货物的类别、项别、编号等，并委托具备相应危险货物运输资质的单位承运危险废物，依法签订运输合同。

②采用包装方式运输危险废物的，应当妥善包装，并按照国家有关标准在外包装上设置相应的识别标志。

③装载危险废物时，托运人应当核实承运人、运输工具及收运人员是否具有相应经营范围的有效危险货物运输许可证件，以及待转移的危险废物识别标志中的相关信息与危险废物转移联单是否相符；不相符的，应当不予装载。装载采用包装方式运输的危险废物的，应当确保将包装完好的危险废物交付承运人。

5.3.2 危险废物跨省转移管理要求

《固废法》规定，跨省、自治区、直辖市转移危险废物的，应当向危险废物移出地省、自治区、直辖市人民政府生态环境主管部门申请。移出地省、自治区、直辖市人民政府生态环境主管部门应当及时商经接受地省、自治区、直辖市人民政府生态环境主管部门同意后，在规定期限内批准转移该危险废物，并将批准信息通报相关省、自治区、直辖市人民政府生态环境主管部门和交通运输主管部门；未经批准的，不得转移。《转移办法》细化了危险废物跨省转移的相关要求。

1. 危险废物跨省转移申请材料

申请跨省转移危险废物的，移出人应当填写危险废物跨省转移申请表，提出拟开展危险废物转移活动的时间期限，并提交接受人的危险废物经营许可证复印件，接受人提供的贮存、利用或者处置危险废物方式的说明，移出人与接受人签订的委托协议、意向或者合同，以及危险废物移出地的地方性法规规定的其他材料。

2.跨省转移审批原则

危险废物转移应当遵循就近原则。具体到危险废物跨省转移，主要体现在跨省利用和处置两个方面。在跨省转移利用方面，各省份不应该设置行政壁垒，危险废物跨省转移利用完全根据市场规则进行分配。在危险废物跨省转移处置方面，跨省转移处置危险废物应当以转移至相邻或者开展区域合作的省、自治区、直辖市的危险废物处置设施，以及全国统筹布局的危险废物处置设施为主。

3.跨省转移审批流程及时限

危险废物跨省转移主要涉及受理、初步审核、商请、回复、审批决定等环节，如图 5.3 所示。

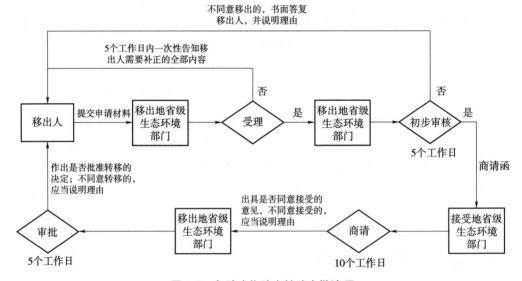

图5.3 危险废物跨省转移审批流程

①受理。对于申请材料齐全、符合要求的，受理申请的省级生态环境主管部门应当立即予以受理；申请材料存在可以当场更正的错误的，应当允许申请人当场更正；申请材料不齐全或者不符合要求的，应当当场或者在 5 个工作日内一次性告知移出人需要补正的全部内容，逾期不告知的，自收到申请材料之日起即为受理。

②初步审核。危险废物移出地省级生态环境主管部门应当自受理申请之日起 5 个工作日内，根据移出人提交的申请材料和危险废物管理计划等信息，提出初步审核意见。

③商请。初步审核同意移出的，通过信息系统向危险废物接受地省级生态环境主管部门发出跨省转移商请函；不同意移出的，书面答复移出人，并说明理由。

④回复。危险废物接受地省级生态环境主管部门应当自收到移出地省级生态环境主管部门的商请函之日起 10 个工作日内，出具是否同意接受的意见，并通过信息系统函复移出地省级生态环境主管部门；不同意接受的，应当说明理由。

⑤审批决定。危险废物移出地省级生态环境主管部门应当自收到接受地省级生态环境主管部门复函之日起 5 个工作日内做出是否批准转移该危险废物的决定；不同意转移的，应当说明理由。批准跨省转移危险废物的决定，应当包括批准转移危险废物的名称，类别，废物代码，重量（数量），移出人，接受人，贮存、利用或者处置方式等信息。批准跨省转移危险废物的决定的有效期为 12 个月，但不得超过移出人申请开展危险废物转移活动的时间期限和接受人危险废物经营许可证的剩余有效期限。

跨省转移危险废物的申请经批准后，移出人应当按照批准跨省转移危险废物的决定填写、运行危险废物转移联单，实施危险废物转移活动。移出人可以按照批准跨省转移危险废物的决定在有效期内多次转移危险废物。

4. 重新申请

移出人出现计划转移的危险废物的种类发生变化或者重量（数量）超过原批准重量（数量）的，计划转移的危险废物的贮存、利用、处置方式发生变化的，接受人发生变更或者接受人不再具备拟接受危险废物的贮存、利用或者处置条件的，应重新申请危险废物跨省转移。

5.3.3 危险废物转移联单运行要求

《转移办法》规定，转移危险废物的，应当通过国家危险废物信息管理系统（以下简称信息系统）填写、运行危险废物电子转移联单，并依照国家有关规定公开危险废物转移相关污染环境防治信息；生态环境部负责建设、运行和维护信息系统。生态环境部已建立国家危险废物信息管理系统，明确了危险废物转移电子联单的运行要求。

1. 转移联单填写

危险废物管理计划在信息系统中备案后，危险废物产生单位（以下简称产废单位）可以进行转移联单的填写。产废单位需要填写的信息包括批准转移决定文号、移出地环保部门应急中心联系电话、产废单位基本信息（名称、地址、联系人、联系电话）、运输单位基本信息（名称、联系人、联系电话、道路运输证号）、接受单位基本信息（名称、地址、联系人、联系电话、危险废物经营许可证号）、危险废物基本信息（废物名称、代码、形态、性质、容器类型、容器数量、废物数量）、移出日期和备注。其中产废单位和接受单位的基本信息由系统自动从数据库中读取；运输单位基本信息和危险废物基本信息通过列表选择获取，运输单位列表源于转移计划所包括的运输单位，危险废物列表源于转移计划所包括的危险废物，以上信息填写完成后保存到数据库中。

危险废物转移联单实行全国统一编号，编号由14位阿拉伯数字组成。第1～4位数字为年份代码；第5、6位数字为移出地省级行政区划代码；第7、8位数字为移出地设区的市级行政区划代码；其余6位数字以移出地设区的市级行政区域为单位进行流水编号。

危险废物转移联单申领参考界面如图5.4所示：

图5.4 危险废物转移联单申领参考界面

危险废物转移联单申领信息说明见表 5.5：

表 5.5 危险废物转移联单申领信息说明

序号	信息项名称	操作	内容	来源
1	联单编号	自动显示		
2	批准转移决定文号	手工输入		
3	移出地环保部门应急中心联系电话	手工输入		依据新修订的《转移办法》要求
4	产废单位	自动显示		
5	联系人	自动显示		
6	地址	自动显示		
7	联系电话	自动显示		
8	接受单位	自动显示		
9	联系人	自动显示		
10	地址	自动显示		
11	联系电话	自动显示		
12	危险废物经营许可证号	自动显示		
13	移出日期	手工输入		
14	备注	手工输入		

2. 运输单位确认

运输单位可以查看产废单位填写的转移联单信息并进行确认。如果危险废物转移由多个运输单位共同承运，则由最后一个运输单位对转移联单信息进行最终确认。运输单位必须核对拟转移危险废物相关信息，当与实际情况不符时，有权拒绝接受。

3. 转移联单办结

接受单位可查看转移联单的详细，并对已运行完成的转移联单进行办结，办结信息保存到数据库。办结需要填写的信息包括是否存在重大差异、利用处置单位/接受者处理意见、危险废物利用/处置方式和日期。接受人必须核实拟接收危险废物相关信息，当与实际情况不符时，有权拒绝接受。

危险废物转移联单办结参考界面如图 5.5 所示：

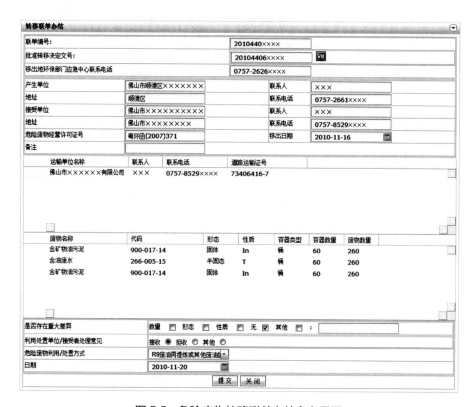

图 5.5　危险废物转移联单办结参考界面

危险废物转移办结信息说明见表 5.6：

表 5.6　危险废物转移联单办结信息说明

序号	信息项名称	操作	内容	来源
1	联单编号	自动显示		
2	批准转移决定文号	自动显示		
3	移出地环保部门应急中心联系电话	自动显示		依据新修订的《转移办法》要求
4	产废单位	自动显示		
5	联系人	自动显示		
6	地址	自动显示		
7	联系电话	自动显示		
8	接受单位	自动显示		
9	联系人	自动显示		

序号	信息项名称	操作	内容	来源
10	地址	自动显示		
11	联系电话	自动显示		
12	危险废物经营许可证号	自动显示		
13	移出日期	自动显示		
14	备注	自动显示		
15	是否存在重大差异	复选框	数量、形态、性质、无或其他	新修订的《转移办法》采用的转移联单
16	利用处置单位/接受者处理意见	单选框	接收、拒收或其他	新修订的《转移办法》采用的转移联单
17	危险废物利用/处置方式	下拉框	R1、R2、R3、R4、R5、R6、R7、R8、R9、R15、D1、D9、D10、D16、C1、C2或C3	《关于报送危险废物经营许可证及经营单位有关情况的函》环办函〔2010〕91号）附件二的表2.2填表说明
18	日期	手工输入		

4. 转移联单查询

产废单位可查询本单位所填写的转移联单信息。产废单位可以按照计划编号、联单编号、产废单位、联单状态查询条件，单击"查询"按钮，列表中显示符合条件的转移联单信息。

运输单位可以查询由本单位承运的转移联单信息。运输单位可以按照联单编号、产生单位、接受单位、联单状态查询条件，单击"查询"按钮，列表中显示符合条件的转移联单信息。

接受单位可查询由本单位签收的转移联单信息。接受单位可以按照联单编号、产生单位、运输单位、联单状态查询条件，单击"查询"按钮，列表中显示符合条件的转移联单信息。

生态环境部门可查询辖区内所有市内转移的转移联单信息。生态环境部门可以按照联单编号、产废单位、运输单位、联单状态查询条件，单击"查询"按钮，列表中显示符合条件的转移联单信息。

可查看的信息包括转移联单详细信息包括批准转移决定文号、移出地环保部门应急中心联系电话、产废单位基本信息（名称、地址、联系人、联系电话）、运输单位基本信息（名称、联系人、联系电话、道路运输证号）、接受单位基本信息（名称、地址、联系人、联系电话、危险废物经营许可证号）、危险废物信息（废物名称、代码、形态、性质、容器类型、容器数量、废物数量）、移出日期和备注。

危险废物转移联单查询参考界面如图5.6所示：

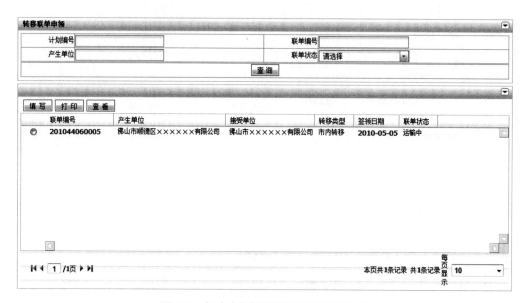

图5.6 危险废物转移联单查询参考界面

危险废物转移联单查询条件说明见表5.7：

表5.7 危险废物转移联单查询条件说明

序号	信息项名称	操作	内容	来源
1	计划编号	手工输入	支持模糊查询	
2	联单编号	手工输入	支持模糊查询	
3	产废单位	手工输入	支持模糊查询	
4	联单状态	下拉框	待运输、待办结、已办结、事故办结、异常办结或注销	

产废单位可查看转移联单的详细信息。转移联单详细信息包括批准转移决定文号、移出地环保部门应急中心联系电话、产废单位基本信息（名称、地址、联系人、联系电话）、运输单位基本信息（名称、联系人、联系电话、道路运输证号）、接受单位基本信息（名称、地址、联系人、联系电话、危险废物经营许可证号）、危险废

物信息（废物名称、代码、形态、性质、容器类型、容器数量、废物数量）、移出日期和备注。

5. 转移联单注销

产废单位可以对未交付运输单位的转移联单信息进行注销。

5.4 展望

5.4.1 加强危险废物跨区域合作环境监管能力

《固废法》仅取消了危险废物省内转移的行政审批，而危险废物跨省转移审批流程长，往往需要数月时间，影响转移时效，在一定程度上阻碍了危险废物利用处置能力资源在区域间的优化调配。目前危险废物跨省转移审批完成后，产废单位转移具体日期和转移路线不在监管范围内，长距离运输一方面增加了因交通事故造成危险废物泄漏遗撒的环境风险；另一方面增加了非法转移、非法倾倒的环境安全隐患。

建议加快实现国家、省级危险废物管理信息系统互联互通，畅通危险废物的产生单位、运输单位、经营单位信息渠道，建立全国危险废物跨省转移网上办理平台和交易平台。依托二维码、射频识别、GPS 等技术，建立危险废物信息跟踪、预测预警、信息查询管理系统，推动实现废物成分、来源等信息的智能化识别，对危险废物产生、贮存、转移、利用、处置进行全过程电子跟踪监管。

鼓励通过签订合作协议等方式跨省开展危险废物利用处置合作，建立跨省转移"白名单"，对"白名单"内的经营单位转移危险废物的实行备案制。

建立突发环境事件联防联控机制，区域间实施行政执法与刑事司法联动，严厉打击危险废物跨省转移违法行为。建立法院、检察院、公安、交通、安监、卫计、环保等部门区域合作机制，在打击危险废物非法转移、非法处置、污染事件深度调查、取缔非法窝点、排查安全隐患等方面建立合作机制，建立信息共享、线索传递、案件移送机制，规范取证、办案技术规范和流程。

5.4.2 完善危险废物跨区域经济补偿政策

为了减少生态环境污染，接收地政府需通过调整用地规划，保障危险废物处置用地，促进危险废物集中处置场所、设施落地，通过制定危险废物相关政策监督危险废物安全处置，降低环境风险。在危险废物集中处置设施、场所用建设过程，搬迁的企业或协商过程中涉及的搬迁居民以及周边居民，因环境治理而利益受损。而移出地危险废物的产废单位、当地生态环境受益者或能代表受益团体的政府部门为生态环境利益获得者，应作为危险废物接收地进行补偿。

建立危险废物跨区域生态补偿制度，合理制定危险废物跨区域生态补偿标准，建立生态补偿资金保证制度。拓宽生态补偿方式和资金来源渠道，利用对口支援、专项资金、财政补贴、优惠贷款、税收减免等方式进行补偿，探索利用生态补偿债券和基金引入企业与社会资本参与补偿。

5.4.3 强化信息公开和社会监督

随着社会经济发展和公众环保意识提高，社会大众对参与环保的热情也逐渐高涨。危险废物管理不能仅靠政府主管部门的行政手段，更应充分利用信息公开渠道，发挥各类新闻媒介的宣传和舆论监督作用，提高危险废物污染防治意识，引导公众自觉参与非工业源危险废物分类收集和处理。

政府主管部门要依靠社会监督来实现对危险废物"双管齐下"式管理。一方面政府主管部门要严格执行危险废物报告制度，规范危险废物各环节参与者按法规要求的频次、范围和方式上报相关信息。同时要完善"12369"等环境举报渠道，支持公众、社会团体、媒体等监督举报危险废物违法行为，鼓励同行企业之间如实举报非法转移、倾倒、利用处置危险废物的行为。完善举报奖励机制，对查实的举报给予举报单位或个人适当奖励。另一方面，政府主管部门除了不定期抽查企业报告并公布危险废物相关事宜的抽查结果外，还应该设立危险废物依申请公开制度，公开危险废物环境、生态和人体健康风险。最终达到危险废物的物质流、信息流、资金流的"三流公开"。

第6章

危险废物利用处置管理

6.1 危险废物利用处置环境管理发展演变

6.1.1 危险废物环境管理制度体系初步建立

危险废物（含医疗废物）种类多、成分复杂，具有腐蚀性、毒性、易燃性、反应性和感染性等危险特性，随意倾倒或利用处置不当会造成环境污染，部分污染具有潜在性和滞后性特点，严重危害人体健康，甚至对生态环境造成难以恢复的损害。"十五"期间，我国修订了《固废法》，并着手修订《危险废物经营许可证管理办法》（国务院令 2004 年第 408 号，以下简称《许可证管理办法》）规定了危险废物经营许可要求以及《医疗废物管理条例》（国务院令 2003 年第 380 号，以下简称《医废条例》）及相应配套技术管理文件，如危险废物的焚烧、填埋和贮存污染控制标准等；我国于 1998 年出台了《国家危险废物名录》和国家环境保护总局颁布的危险废物鉴别标准；"十二五"期间，"两高"司法解释出台，同时，推进水泥窑协同处置，对废烟气脱硝催化剂、废矿物油、废铅蓄电池等特殊品种的危险废物回收利用颁布相应技术规范或技术导则等指导性文件。

目前，我国危险废物管理制度形成了由法律法规、部门规章、国家名录、标准规范、国家规划、规范性文件、"两高"司法解释、国际公约和地方性法规组成的全方位全过程的管理政策体系，主要有以下 8 大管理制度。

1.危险废物名录与鉴别制度

危险废物名录与鉴别制度的主要设立依据是《固废法》第七十五条："国务院生态环境主管部门应当会同国务院有关部门制定国家危险废物名录，规定统一的危险废物鉴别标准、鉴别方法、识别标志和鉴别单位管理要求。"国家危险废物名录应当动态调整。具体管理办法为《国家危险废物名录》（2021 版）和《危险废物鉴别标准 通则》（GB 5085.7—2019），主要用于确定危险废物管理的范围，解决"什么是危险废物的问题"。符合《国家危险废物名录》和经鉴别认定为危险废物的均属于危险废物类别。《国家危险废物名录》先后已制（修）订发布了四版，根据新修订的

《固废法》要求，还将加快动态修订频次。除此之外，为进一步加强危险废物鉴别环境管理工作，规范危险废物鉴别单位管理，生态环境部出台了《关于加强危险废物鉴别工作的通知》（环办固体函〔2021〕419号），拟推动解决长期以来我国危险废物鉴别机构缺乏统一管理要求，存在鉴别费用高、周期长，鉴别程序和报告内容不规范，鉴别结论应用不充分等问题，推动危险废物精细化环境管理，逐步降低危险废物产生单位及经营单位的经营成本。

2. 标识制度

标识制度的主要设立依据是《固废法》第七十五条和第七十七条："国务院生态环境主管部门应当……规定统一的危险废物鉴别标准、鉴别方法、识别标志……""对危险废物的容器和包装物以及收集、贮存、运输、利用、处置危险废物的设施、场所，应当按照规定设置危险废物识别标志"，具体管理办法为《危险废物贮存污染控制标准》（GB 18597—2001）对危险废物标签的内容和图案进行了规定，《环境保护图形标志　固体废物贮存（处置）场》（GB 15562.2—1995）对危险废物的贮存、处置场警告标识图案进行了规定，但两个标准尚未对危险废物收集、运输、利用设施和场所中危险废物识别标志作出规范化设置的规定。在目前两个制度执行过程中存在部分危险废物标签在设置不规范，且内容不能完全满足现有的危险废物精细化管理需求，因此，生态环境部于2021年9月29日发布了《危险废物识别标志设置技术规范（征求意见稿）》，旨在为落实《固废法》关于危险废物识别标志的管理要求，规范化我国危险废物识别标志的设置，统一不同场景下危险废物识别标志的相关技术要求，进一步提高危险废物产生单位和经营单位的危险废物环境管理水平。

3. 管理计划、台账和排污许可制度

管理计划和台账主要设立依据是《固废法》第七十八条第一款和第二款，即产生危险废物的单位，应当按照国家有关规定制订危险废物管理计划；建立危险废物管理台账，如实记录有关信息，并通过国家危险废物信息管理系统向所在地生态环境主管部门申报危险废物的种类、产生量、流向、贮存、处置等有关资料。前款所称危险废物管理计划应当包括减少危险废物产生量和降低危险废物危害性的措施以及危险废物贮存、利用、处置措施。危险废物管理计划应当报产生危险废物的单位所在地生态环境主管部门备案。管理计划是落实危险废物产生企业主体责任的重要制度；管理计划由具有独立法人资格的危险废物产生单位制定。

排污许可制度主要设立依据是《固废法》第三十九条：产生工业固体废物的单位应当取得排污许可证。排污许可的具体办法和实施步骤由国务院规定。产生工业固体废物的单位应当向所在地生态环境主管部门提供工业固体废物的种类、数量、流向、贮存、利用、处置等有关资料，以及减少工业固体废物产生、促进综合利用的具体措施，并执行排污许可管理制度的相关规定。《固废法》第七十八条第三款，产生危险废物的单位已经取得排污许可证的，执行排污许可管理制度的规定。将固体废物纳入排污许可制度管理，标志着我国固体废物与废水、废气等污染物统一管理，同时将环境影响评价前置条件监管转移至过程监管，同时与固体废物环境管理制度的有效衔接。

4. 转移管理制度

转移管理制度的主要设立依据是《固废法》第二十二条：转移固体废物出省、自治区、直辖市行政区域贮存、处置的，应当向固体废物移出地的省、自治区、直辖市人民政府生态环境主管部门提出申请。移出地的省、自治区、直辖市人民政府生态环境主管部门应当及时商经接受地的省、自治区、直辖市人民政府生态环境主管部门同意后，在规定期限内批准转移该固体废物出省、自治区、直辖市行政区域。未经批准的，不得转移。转移固体废物出省、自治区、直辖市行政区域利用的，应当报固体废物移出地的省、自治区、直辖市人民政府生态环境主管部门备案。移出地的省、自治区、直辖市人民政府生态环境主管部门应当将备案信息通报接受地的省、自治区、直辖市人民政府生态环境主管部门。

涉及危险废物的，应按照《固废法》第八十二条：转移危险废物的，应当按照国家有关规定填写、运行危险废物电子或者纸质转移联单。跨省、自治区、直辖市转移危险废物的，应当向危险废物移出地省、自治区、直辖市人民政府生态环境主管部门申请。移出地省、自治区、直辖市人民政府生态环境主管部门应当及时商经接受地省、自治区、直辖市人民政府生态环境主管部门同意后，在规定期限内批准转移该危险废物，并将批准信息通报相关省、自治区、直辖市人民政府生态环境主管部门和交通运输主管部门。未经批准的，不得转移。危险废物转移管理应当全程管控、提高效率，具体办法由国务院生态环境主管部门会同国务院交通运输主管部门和公安部门制定。具体管理办法是《联单办法》（国家环境保护总局令 1999 年第 5 号）。目前，该办法即将修订为《转移办法》，由生态环境部正在会签交通运输部和公安部。

5. 出口核准制度

为了规范危险废物出口管理，防止环境污染，根据《控制危险废物越境转移及其处置巴塞尔公约》（以下简称《巴塞尔公约》）和有关法律、行政法规，制定《危险废物出口核准管理办法》。我国法律规定的危险废物和《巴塞尔公约》规定的"危险废物"以及"其他废物"，以及进口缔约方或者过境缔约方立法确定的"危险废物"，其出口核准管理均适用本办法。产生、收集、贮存、处置、利用危险废物的单位，向我国境外《巴塞尔公约》缔约方出口危险废物，必须取得危险废物出口核准。

6. 经营许可制度

经营许可制度的主要设立依据是《固废法》第八十条：从事收集、贮存、利用、处置危险废物经营活动的单位，应当按照国家有关规定申请取得许可证。许可证的具体管理办法由国务院制定。具体管理办法是《危险废物经营许可证管理办法》（国务院令 2004 年第 408 号，以下简称《办法》），其中第十八条规定，县级以上生态环境保护主管部门有权要求持证单位定期报告危险废物经营活动情况；持证单位应当建立危险废物经营情况记录簿，如实记载收集、贮存、处置危险废物的类别、来源、去向和有无事故等事项。《办法》第十九条对县级以上地方生态环境主管部门有建立、健全危险废物经营许可证的档案管理制度要求，并要定期向社会公布所辖区域事权职责内审批颁发危险废物经营许可证的情况。生态环境部正在修订该《办法》，目前已提交司法部，就危险废物分级分类管理做出重大改动，体现"放管服"改革精神。

7. 应急预案制度

应急预案制度的主要设立依据是《固废法》第八十五条：产生、收集、贮存、运输、利用、处置危险废物的单位，应当依法制定意外事故的防范措施和应急预案，并向所在地生态环境主管部门和其他负有固体废物污染环境防治监督管理职责的部门备案；生态环境主管部门和其他负有固体废物污染环境防治监督管理职责的部门应当进行检查。

8. 事故报告制度

事故报告制度的主要设立依据是《固废法》第八十六条：因发生事故或者其他突发性事件，造成危险废物严重污染环境的单位，应当立即采取有效措施消除或者减轻对环境的污染危害，及时通报可能受到污染危害的单位和居民，并向所在地生态环境主管部门和有关部门报告，接受调查处理。及时履行企业主体责任。

经过 20 多年的发展，全国各地区、各部门加强危险废物源头管控、全面加强危险废物全过程规范化管理、着力提升危险废物处置能力，总体来看，危险废物污染防治逐步成为整体改善水、大气和土壤环境质量，防范环境风险，维护人体健康的重要保障。各地对将危险废物污染防治作为"十四五"深化环境保护工作重要内容的认识进一步深化，规范化管理水平持续提高，集中处置设施建设有序推进，危险废物环境风险得到一定程度控制。

6.1.2 危险废物利用处置制度发展演变

我国危险废物以集中的方式进行利用处置是从 2003 年发生非典型肺炎疫情以后，国家第一次发布实施《全国危险废物和医疗废物处置设施建设规划》，在此之前，我国仅有天津、福建、沈阳等地建设有综合性的危险废物集中处置设施，该规划的实施将我国危险废物和医疗废物的管理和设施建设工作提上了快车道（《〈全国危险废物和医疗废物处置设施建设规划〉实施的评估与分析》，孙宁），随后国务院便出台了《办法》，进一步规范健全危险废物末端利用处置环节，而生态环境部从2006 年开始统计危险废物经营许可证颁发情况和经营单位经营情况相关数据，时刻关注危险废物利用处置产业的发展。

与《全国危险废物和医疗废物处置设施建设规划》同期发布的技术文件有《危险废物集中焚烧处置工程建设技术要求（试行）》《医疗废物集中焚烧处置工程建设技术要求（试行）》及《危险废物和医疗废物处置设施建设项目环境影响评价技术原则（试行）》，用于《全国危险废物和医疗废物处置设施建设规划》实施过程中规范危险废物和医疗废物集中焚烧处置设施建设工作，可以看出，《全国危险废物和医疗废物处置设施建设规划》初期，危险废物利用处置重点工作主要集中在危险废物和医疗废物集中焚烧处置，工作重心为末端处置项目建设。

随着 2004 年《办法》的发布，国家环境保护总局发布了《关于危险废物经营许可证申请和审批有关事项的通告》（环函〔2005〕26 号），规定了由国家环境保护总局负责审批颁发的危险废物经营许可证的申请和审批有关事项和程序，并为地方生态环境部门提供借鉴和参考。

2007—2009 年陆续发布的《危险废物经营单位编制应急预案指南》《关于开展全国危险废物焚烧单位及规划内项目建设进展专项检查的通知》《危险废物经营单位记录和报告经营情况指南》《危险废物经营单位审查和许可指南》等规范性管理文件及通知，体现了危险废物利用处置工作的逐步规范和实际管理需要。

2011 年发布的《关于进一步加强危险废物和医疗废物监管工作的意见》，是"十二五"和"十三五"前中期的重要规范性文件，对危险废物经营单位的利用处置环节提出了多项要求。如严格许可证审查中明确规定各级环保部门应当严格执行《办法》，按照《危险废物经营单位审查和许可证指南》（环境保护部公告 2009 年第 65 号），不断规范和完善危险废物经营许可证的审批工作。此外，应进一步加强监督性检查和监测和严格依法处罚违法行为。该文件还首次在创新监管手段中提出了建立危险废物管理信息系统和探索采用物联网等全过程电子监管手段，为后续

《固废法》修订加强危险废物信息化监管提供了支撑。

2012 年，环境保护部联合国家发展改革委、工业和信息化部及卫生部发布了《"十二五"危险废物污染防治规划》，规划提出要将危险废物污染防治作为"十二五"深化环境保护工作的重要内容，狠抓产生源头控制，进一步提高无害化利用处置保障能力，提升全过程监管能力，有效遏制非法转移倾倒行为，综合运用法律、行政、经济和技术等手段，不断提高危险废物污染防治水平，降低危险废物环境风险。截至 2015 年，全国危险废物产生单位和经营单位的危险废物规范化管理抽查合格率分别达到 90% 和 95%。《"十二五"危险废物污染防治规划》的实施大大推进了危险废物利用处置能力的建设和多项创新性试点工作的探索实施，如开展废铅蓄电池回收试点等。

2014 年，随着"放管服"工作的深入推进，《关于做好下放危险废物经营许可审批工作的通知》标志着危险废物经营许可证审批部分权限由国家生态环境部门下放至省级生态环境部门发放。同年《废氯化汞触媒危险废物经营许可证审查指南》《废烟气脱硝催化剂危险废物经营许可证审查指南》的发布实施推动了危险废物利用处置经营许可证精细化管理逐步实现。

2016 年起危险废物环境管理制度建设进入高速发展期，我国出台了一系列危险废物全过程环境管理的规范性文件、标准规范和推动修订的文件等，与危险废物利用处置相关的有《危险废物经营许可证管理办法（征求意见稿）》《关于坚决遏制固体废物非法转移和倾倒进一步加强危险废物全过程监管的通知》《关于提升危险废物环境监管能力、利用处置能力和环境风险防范能力的指导意见》《废铅蓄电池危险废物经营单位审查和许可指南（试行）》《国家危险废物名录》（2016 版和 2021 版）、《危险废物转移管理办法（征求意见稿）》及《固废法》（2020 版），一系列政策法规紧锣密鼓地出台，既体现了危险废物规范化环境管理的迫切需求，又体现了实现经济高质量发展和生态环境高水平保护的现实需要。其中《关于推进危险废物环境管理信息化有关工作的通知》标志着危险废物环境管理信息化工作首次以规范性文件的形式发布。除此之外，国务院办公厅印发《强化危险废物监管和利用处置能力改革实施方案》意味着我国危险废物监管和利用处置能力工作列入国家重点关注工作中。

6.1.3 危险废物利用处置环节管控要求

涉及危险废物的利用处置环节主要包括产废单位自行利用处置和委托持危险废物经营许可证单位（以下简称经营单位）的利用处置环节两个方面。其中，产废单位对其自行利用处置的管控主要手段是通过本单位环境影响评价报告和排污许可证；经营单位对危险废物按不同要求对其进行利用处置，例如综合利用、焚烧、物理化学处置、填埋、水泥窑协同处置等，对利用处置环节的管控手段包括环境影响评价报告、排污许可证和经营许可证。对产废单位和经营单位的管控涉及对人民政府、各部门的职责要求及产废单位、经营单位的各个环节的合法性和规范性的具体要求。

1. 各级人民政府及各相关部门在危险废物利用处置方面的管控要求

涉及危险废物的法律法规对各级人民政府和各相关部门在危险废物利用处置方面的职责要求进行了明确规定。《固废法》第七十六条提出：省、自治区、直辖市人民政府应当组织有关部门编制危险废物集中处置设施、场所的建设规划，科学评估危险废物处置需求，合理布局危险废物集中处置设施、场所，确保本行政区域的危险废物得到妥善处置。编制危险废物集中处置设施、场所的建设规划，应当征求有关行业协会、企业事业单位、专家和公众等方面的意见。同时指出"相邻省、自治区、直辖市之间可以开展区域合作，统筹建设区域性危险废物集中处置设施、场所"。此外，《固废法》中也明确规定了政府部门在医疗废物处置方面的职责，第九十条指出：县级以上地方人民政府应当加强医疗废物集中处置能力建设。县级以上人民政府卫生健康、生态环境等主管部门应当在各自职责范围内加强对医疗废物处置的监督管理，防止危害公众健康、污染环境。第九十一条指出：在重大传染病疫情等突发事件发生时，县级以上人民政府应当统筹协调医疗废物等危险废物处置工作，保障所需的车辆、场地、处置设施和防护物资。卫生健康、生态环境、环境卫生、交通运输等主管部门应当协同配合，依法履行应急处置职责。国务院有关部门、县级以上地方人民政府及其有关部门在编制国土空间规划和相关专项规划时，应当统筹危险废物集中处置等设施建设需求，保障集中处置等设施用地。各级人民政府应事权划分的原则在重大传染病疫情等突发事件产生的医疗废物等危险废物应急处置上安排必要的资金。

在2021年5月国务院办公厅发布的《强化危险废物监管和利用处置能力改革实施方案》中对人民政府和相关部门在完善危险废物监管体制机制、提升危险废物集中处置基础保障能力、促进危险废物利用处置产业高质量发展、建立"平战结合"的医疗废物应急处置体系、强化危险废物环境风险防控能力和保障措施6个方面提出了进一步的要求。

（1）在完善危险废物监管体制机制方面。国家发展改革、工业和信息化、生态环境、应急管理、公安、交通运输、卫生健康、住房城乡建设、海关等有关部门及地方各级人民政府要落实在危险废物利用处置方面的监管职责，强化部门间协调沟通，形成工作合力；生态环境部牵头，公安部、交通运输部等参与建立危险废物环境风险区域联防联控机制，实现危险废物集中处置设施建设和运营管理优势互补；生态环境部牵头，国家发展改革委、财政部等参与完善国家危险废物环境管理信息系统，开展危险废物利用、处置网上交易平台建设和第三方支付试点。鼓励有条件的地区推行视频监控、电子标签等集成智能监控手段，实现对危险废物全过程跟踪管理，并与相关行政机关、司法机关实现互通共享。

（2）在提升危险废物集中处置基础保障能力方面。各省级人民政府负责，国家发展改革委、财政部、自然资源部、生态环境部、住房城乡建设部等按职责分工负责，要强化特殊类别危险废物处置能力，由国家统筹，建设一批大型危险废物集中焚烧处置基地和填埋处置基地，按区域分布建设一批大型危险废物集中焚烧处置基地，按地质特点选择合适地区建设一批危险废物填埋处置基地，实现全国或区域共享处置能力；各省级人民政府负责，国家发展改革委、财政部、自然资源部、生态环境部、住房城乡建设部等按职责分工负责，推动省域内危险废物处置能力与产废情况总体匹配，各省级人民政府应开展危险废物产生量与处置能力匹配情况评估及设施运行情况评估，科学制订并实施危险废物集中处置设施建设规划，2022 年年底前，各省（自治区、直辖市）危险废物处置能力与产废情况总体匹配；各省级人民政府负责，国家发展改革委、生态环境部、国家卫生健康委等按职责分工负责，提升市域内医疗废物处置能力，各地级以上城市应尽快建成至少一个符合运行要求的医疗废物集中处置设施，2022 年 6 月底前，实现各县（市）都建成医疗废物收集转运处置体系，鼓励发展移动式医疗废物处置设施，为偏远基层提供就地处置服务，加强医疗废物分类管理，做好源头分类，促进规范处置。

（3）在促进危险废物利用处置产业高质量发展方面。国家发展改革委、生态环境部等按职责分工负责，促进危险废物利用处置企业规模化发展、专业化运营，设区的市级人民政府生态环境等部门定期发布危险废物相关信息，科学引导危险废物利用处置产业发展，新建危险废物集中焚烧处置设施处置能力原则上应大于 3 万 t/a，控制可焚烧减量的危险废物直接填埋，适度发展水泥窑协同处置危险废物。落实"放管服"改革要求，鼓励采取多元投资和市场化方式建设规模化危险废物利用设施；鼓励企业通过兼并重组等方式做大做强，开展专业化建设运营服务，努力打造一批国际一流的危险废物利用处置企业；市场监管总局牵头，国家发展改革委、工业和信息化部、生态环境部、农业农村部等参与，规范危险废物利用，建立健全固体废物综合利用标准体系，使用固体废物综合利用产物应当符合国家规定的用途和标准；生态环境部牵头，相关部门参与，在环境风险可控的前提下，探索危险废物

"点对点"定向利用许可证豁免管理；国家发展改革委、财政部、国家税务总局、生态环境部、国家卫生健康委等按职责分工负责，健全财政金融政策，完善危险废物和医疗废物处置收费制度，制定处置收费标准并适时调整，在确保危险废物全流程监控、违法违规行为可追溯的前提下，处置收费标准可由双方协商确定，建立危险废物集中处置设施、场所退役费用预提制度，预提费用列入投资概算或者经营成本，落实环境保护税政策，鼓励金融机构加大对危险废物污染环境防治项目的信贷投放，探索建立危险废物跨区域转移处置的生态保护补偿机制；科技部、工业和信息化部、生态环境部、住房和城乡建设部、国家卫生健康委等按职责分工负责，加快先进适用技术成果推广应用，重点研究和示范推广废酸、废盐、生活垃圾焚烧飞灰等危险废物利用处置和污染环境防治适用技术，建立完善环境保护技术验证评价体系，加强国家生态环境科技成果转化平台建设，推动危险废物利用处置技术成果共享与转化，鼓励推广应用医疗废物集中处置新技术、新设备。

（4）在建立"平战结合"的医疗废物应急处置体系方面。国家卫生健康委、生态环境部、住房和城乡建设部、交通运输部等按职责分工负责，完善医疗废物和危险废物应急处置机制，县级以上地方人民政府应将医疗废物处置等工作纳入重大传染病疫情领导指挥体系，强化统筹协调，保障所需的车辆、场地、处置设施和防护物资；各省级人民政府负责，国家发展改革委、工业和信息化部、生态环境部、国家卫生健康委、住房和城乡建设部等按职责分工负责，保障重大疫情医疗废物应急处置能力，统筹新建、在建和现有危险废物焚烧处置设施、协同处置固体废物的水泥窑、生活垃圾焚烧设施等资源，建立协同应急处置设施清单，2021年年底前，各设区的市级人民政府应至少明确一座协同应急处置设施，同时明确该设施应急状态的管理流程和规则，列入协同应急处置设施清单的设施，根据实际设置医疗废物应急处置备用进料装置。

（5）在强化危险废物环境风险防控能力方面。生态环境部牵头，中央编办等参与，加强专业监管队伍建设。建立与防控环境风险需求相匹配的危险废物监管体系，加强国家危险废物监管能力与应急处置技术支撑能力建设，建立健全国家、省、市三级危险废物环境管理技术支撑体系，强化生态环境保护综合执法队伍和能力建设，加强专业人才队伍建设，配齐配强人员力量，切实提升危险废物环境监管和风险防控能力；科技部、生态环境部等按职责分工负责，加强危险废物风险防控与利用处置科技研发部署，通过现有渠道积极支持相关科研活动。

（6）在推动上述政策落实而提出的保障措施方面。各有关部门按职责分工负责，压实地方和部门责任，地方各级人民政府加强对强化危险废物监管和利用处置能力的组织领导；生态环境部牵头，相关部门参与，加大督察力度，对涉危险废物处置能力严重不足并造成环境污染或恶劣社会影响的地方和单位，视情开展专项督察，推动问题整改；教育部、生态环境部、外交部等按职责分工负责，强化《巴塞尔公约》履约工作，积极开展国际合作与技术交流；中央宣传部、生态环境部牵头，国家发展改革委、公安部、财政部等参与，推进危险废物利用处置设施向公众开放，努力化解"邻避效应"，建立有奖举报制度，将举报危险废物非法倾倒等列入重点奖励范围。

2. 产废单位和经营单位危险废物利用、处置环节的管控要求

（1）产废单位利用处置环节管控要求

对于产废单位，应该按照《建设项目危险废物环境影响评价指南》相关要求编制环境影响评价报告，主要关注重点应该在产废单位危险废物利用处置方式的工程分析、环境影响分析、污染防治措施技术经济论证、环境风险评价、环境管理要求和危险废物环境影响评价结论与建议6个方面，切实把握危险废物利用处置的管控要求。

①在工程分析方面。工程分析应全面分析各类固体废物的利用和处置量，判定固体废物的属性，并且应给出危险废物利用、处置环节采取的污染防治措施，在厂区布置图中应标明自建危险废物处置设施的位置。

②在环境影响分析方面。环境影响报告书（表）应从危险废物的利用和处置等全过程以及建设期、运营期、服务期满后等全时段角度考虑，分析预测建设项目产生的危险废物可能造成的环境影响，进而指导危险废物污染防治措施的补充完善。同时利用或者处置危险废物的建设项目环境影响分析应包括①按照《危险废物焚烧污染控制标准》（GB 18484—2020）、《危险废物填埋污染控制标准》（GB 18598—2019）等，分析论证建设项目危险废物处置方案选址的可行性。②应按建设项目建设和运营的不同阶段开展自建危险废物处置设施（含协同处置危险废物设施）的环境影响分析预测，分析对环境敏感保护目标的影响，并提出合理的防护距离要求。必要时，应开展服务期满后的环境影响评价。③对综合利用危险废物的，应论证综合利用的可行性，并分析可能产生的环境影响。在委托利用或处置的环境影响分析中，环评阶段已签订利用或者委托处置意向的，应分析危险废物利用或者处置途径的可行性；暂未委托利用或者处置单位的，应根据建设项目周边有资质的危险废物处置单位的分布情况、处置能力、资质类别等，给出建设项目产生危险废物的委托利用或处置途径建议。

③在污染防治措施技术经济论证方面。环境影响报告书（表）应对建设项目可

研报告、设计等技术文件中的污染防治措施的技术先进性、经济可行性及运行可靠性进行评价，根据需要补充完善危险废物污染防治措施，明确危险废物利用或处置相关环境保护设施投资并纳入环境保护设施投资、"三同时"验收表。利用或者处置方式的污染防治措施，按照《危险废物焚烧污染控制标准》（GB 18484—2020）、《危险废物填埋污染控制标准》（GB 18598—2019）和《水泥窑协同处置固体废物污染控制标准》（GB 30485—2013）等，分析论证建设项目自建危险废物处置设施的技术、经济可行性，包括处置工艺、处理能力是否满足要求，装备（装置）水平的成熟、可靠性及运行的稳定性和经济合理性，污染物稳定达标的可靠性。同时改扩建及易地搬迁项目需说明现有工程危险废物的利用和处置情况及处置能力，存在的环境问题及拟采取的"以新带老"措施等内容，改扩建项目产生的危险废物与现有贮存或处置的危险废物的相容性等。

④在环境风险评价方面。按照《建设项目环境风险评价技术导则》（HJ 169—2018）和地方环保部门有关规定，针对危险废物利用、处置等不同阶段的特点，进行风险识别和源项分析并进行后果计算，提出危险废物的环境风险防范措施和应急预案编制意见，并纳入建设项目环境影响报告书（表）的突发环境事件应急预案专题。

⑤在环境管理要求方面。按照危险废物相关导则、标准、技术规范等要求，严格落实危险废物环境管理与监测制度，对项目危险废物利用、处置各环节提出全过程环境监管要求。

⑥在危险废物环境影响评价结论与建议方面。归纳建设项目产生危险废物的名称、类别、数量和危险特性，分析预测危险废物利用、处置等环节可能造成的环境影响，提出预防和减缓环境影响的污染防治、环境风险防范措施以及环境管理等方面的改进建议。

根据《固废法》第三十九条和第七十八条第三款"要求申领排污许可证，将产生的危险废物以及自行利用处置危险废物设施纳入排污许可证进行管理，按照相关行业排污许可证申请与核发技术规范进行合法排污许可证。"目前生态环境部发布的《排污许可证申请与核发技术规范　工业固体废物（试行）（征求意见稿）》中规定了对危险废物自行处置的要求，主要是危险废物的基本情况填报要求、污染防控技术要求、环境管理台账记录要求和执行报告内容要求4个方面。

• 危险废物基本情况填报要求方面，其中涉及的危险废物自行处置设施信息。自行处置设施是指排污单位厂界内除生产设施外单独建设的处置危险废物的设施，填报信息包括设施名称、编号、类型、位置、自行处置方式，设计处置危险废物的名称、代码、数量、计量单位等信息。①自行处置设施名称按排污单位对该处置设施的内部管理名称填写。②设施编号应填报危险废物自行处置设施的内部编号，无内部设施编号的按照 HJ 608 规定的污染防治设施编号规则编号并填报。③设施类型填报自行处置设施。④设施位置应填报危险废物自行处置设施的地理坐标。⑤自行处置方式包括 D1 填埋、D9 物理化学处理（如蒸发、干燥、中和、沉淀等，不包括填埋或焚烧前的预处理）、D10 焚烧、D16 其他等。其他方式包括 C1 水泥窑协同处置、C2 生产建筑材料、C3 清洗（包装容器）。排污单位采用其他方式的，在申报系统选择"其他"项进行填报等。

• 在危险废物污染防控技术要求方面。排污单位应按照《固废法》等法律法规要求，利用、处置生产过程中产生的工业固体废物，不得擅自倾倒、堆放、丢弃、遗撒，污染防控技术要求应符合排污单位适用的污染物排放标准、污染防治可行技术要求，鼓励采取先进工艺对煤矸石、尾矿等工业固体废物进行综合利用。属于危险废物的，其处置场生产运营期间的环境管理和相关设施运行维护要求还应满足 GB 15562.2、GB 18484、GB 18597、GB 18598、GB 30485、HJ 2025 和 HJ 2042 等标准规范要求，或委托具有危险废物经营许可证的单位进行利用和处置。有审批权的地方生态环境主管部门可根据管理需求，依法依规增加危险废物相关环境管理要求内容。

• 在危险废物环境管理台账记录要求方面。①在记录内容方面：a. 记录危险废物的处置信息，其中排污单位应每月汇总危险废物贮存、处置情况，包括记录时间、废物名称、上月底贮存量、本月底贮存量、自行处置量、委托贮存利用处置量、委托单位名称及其危险废物经营许可编号等。b. 记录危险废物处置设施运行管理信息，其中危险废物自行处置设施台账主要包括记录时间、自行处置设施名称、运行状态、自行处置危险废物名称、自行处置量等。②在记录频次方面：危险废物产生信息和危险废物接收情况根据《危险废物产生单位管理计划制定指南》确定，待危险废物管理台账技术规范发布后，从其规定。危险废物处置情况按月度统计；处置设施运行管理信息每周或每批次记录 1 次。

• 在危险废物执行报告内容要求方面。属于危险废物的，执行报告内容应符合 GB 18597、GB 18598、GB 30485、HJ 2042 及《危险废物产生单位管理计划制定指南》等标准及管理文件的相关要求。①说明危险废物自行处置情况，包括排污单位所有自行处置设施的编号、废物名称、废物代码、设计处置能力、实际处置量、存在实际处置量、处置种类超过处置能力的，应当说明超能力处置原因。②说明危险废物委托贮存利用处置情况，包括所有委托贮存利用处置危险废物的外单位名称、危险废物经营许可证编号、废物名称、废物代码及实际委托贮存利用处置量等。

（2）经营单位利用处置环节管控要求

从事危险废物利用、处置经营活动的单位，应当按照《办法》的相关规定要求依法领取危险废物综合经营许可证。申领危险废物环境许可证的应满足以下条件：①具备独立法人资格；②有 3 名以上环境工程专业或者相关专业中级以上职称，并有 3 年以上固体废物污染治理经验的专职技术人员；③有符合国家或者地方环境保护标准要求的包装工具以及贮存设施、设备；④有符合国家或者地方环境保护标准要求的场地，危险废物利用、处置设施、设备和配套的污染防治设施；⑤有与利用、处置的危险废物类别相适应的利用、处置技术和工艺；⑥有配套的危险废物环境管理规章制度、污染防治措施和环境事故应急救援措施；⑦具备与所利用处置的危险废物类别、规模和方式相适应的检测分析能力。有以下 3 种情形之一的，除满足以上 7 条规定以外，还应当满足相应规定：①以填埋方式处置危险废物的，应当依法取得填埋场所的土地使用证，具有运行期间和封场后的环境管理方案，并依据国家；②集中处置医疗废物的，应当具备与服务地域范围相匹配的医疗废物运输能力；③国务院生态环境主管部门对特定危险废物类别利用、处置方式等有专门要求的，应当符合其具体规定。申请领取危险废物环境许可证的单位，应当在从事危险废物利用、处置经营活动前向发证机关提出申请，并附具以上条件规定的证明材料。

危险废物经营许可单位应定期向县级以上人民政府环境保护主管部门定期报告危险废物经营活动情况。应当通过国家危险废物信息管理系统如实报送危险废物收集、贮存、利用、处置活动；当建立危险废物经营情况记录簿，如实记载利用、处置危险废物的类别、重量或者数量、来源、流向和有无环境污染事故等事项，并按规定保存相关环境监测记录、视频监控录像等信息。同时应将记录簿保存 10 年以上，以填埋方式处置险废物的经营情况记录簿应当永久保存。终止经营活动的，应当将危险废物经营情况记录簿移交所在地县级以上地方人民政府环境保护主管部门存档管理，并且应当依法对设施、场所、用地采取污染防治措施，并对未利用处置的危险废物做出妥善处理后，主动向原发证机关申请注销有效期未届满的危险废物环境许可证。填埋危险废物的设施退役费用应当预提，列入投资概算或者生产成本；服役期届满后，危险废物环境许可证持有单位应当按照有关规定对填埋过危险废物的土地采取封闭措施，并在划定的封闭区域设置永久性标记，每年向所在地设区的市级人民政府生态环境主管部门报告维护管理情况。同时根据《关于推进危险废物环境管理信息化有关工作的通知》，持危险废物许可证的单位，应每年通过固体废物管理信息系统报送上一年度危险废物收集、贮存、利用、处置等有关情况，要在信息系统上及时上传危险废物的利用处置情况，做到利用处置环节的信息化监管。

6.2　危险废物利用处置信息化管理的必要性

6.2.1　危险废物环境管理法律制度的新要求

　　新修订的《固废法》区别于旧版的突出特征之一，是对固体废物信息化管理工作提出了多项明确的要求。这是落实党中央提出的推进国家治理体系和治理能力现代化的必然之举。第一，明确提出政府部门建立信息平台、实现全过程监控和信息化追溯能力的要求。新《固废法》第十六条提出"国务院生态环境主管部门应当会同国务院有关部门建立全国危险废物等固体废物污染环境防治信息平台，推进固体废物收集、转移、处置等全过程监控和信息化追溯"。第七十五条提出"国务院生态环境主管部门根据危险废物的危害特性和产生数量，科学评估其环境风险，实施分级分类管理，建立信息化监管体系，并通过信息化手段管理、共享危险废物转移数据和信息"。第二，明确提出一系列依托信息化技术实施的管理制度。新《固废法》第二十八条提出，建立产生、收集、贮存、运输、利用、处置固体废物的单位和其他生产经营者信用记录制度，并将相关信用记录纳入全国信用信息共享平台。第二十九条提出，政府相关管理部门及固体废物的产生、收集、贮存、运输、利用、处置等单位的信息发布和信息公开制度。第八十二条明确运行危险废物电子转移联单和危险废物转移全程管控、提高效率的要求。另外，新《固废法》中涉及固体废物管理的环境影响评价、排污许可、分级分类管理等制度，也都需相应的信息化手段提供有效支撑。

6.2.2　危险废物利用处置环节合规性判定的新需求

　　在进行危险废物利用处置环节的数量统计的过程中，容易出现统计数据与危险废物实际数量不符的情况，无论是产废单位自行利用处置还是经营单位利用处置危险废物时，均存在贮存库的出库量与实际出库处置量存在差异的情形，在经营单位中还存在贮存库的入库和出库量与危险废物转移联单的数量不符合等诸多乱象。这些乱象产生的原因在于目前电子台账在危险废物环境管理领域尚处于起步阶段，许多产废单位和经营单位的台账记录仍以人工纸质记录为主，导致危险废物管理台账工作和申报登记工作不规范引起的，使得危险废物的统计数据不规范而与实际不相符。并且在统计数据管理方面存在危险废物数据无法长期保存的特点，危险废物的统计数据与相关资料仍旧通过传统的纸质记录方式来完成，并且还需要对时间较长的资料进行清理销毁工作，无法有效长期存储相关信息数据。危险废物具有腐蚀性、毒性、易燃性、反应性及感染性等特点，许多危险废物在储存管理过程中，存在乱堆乱放的情况，并且对于超期贮存的危险废物并没有进行及时利用处置，从而导致危险废物贮存的潜在风险增加。危险废物贮存库管理不当、贮存不规范极易发生环境风险，从而对生态环境造成污染和危害。

6.2.3 危险废物利用处置环节增强技术管理能力和控制的新需要

危险废物利用处置过程中往往会出现利用处置核心系统组分因危险废物种类多、复杂等严重导致利用处置设施的启停频繁、排放超标出现环境污染等问题。所以多数产废单位自行利用处置和经营单位利用处置前一般都需要在物料进入系统之前，进行危险废物配伍工作，即结合各危险废物物料的物理及化学性质，合理地对物料进行形态、热值、成分等均质化处理，以达到进入利用处置系统成分稳定可控、均匀平衡处理的目的。目前，大多数企业的配伍工作由专门技术人员依靠手动计算和行业经验来完成，而随着国内危险废物产量迅速增加，且来源复杂、种类繁多，手动配伍对配伍工程师的要求越来越高，其工作量日益繁重，同时配伍方案的准确度也难以保证。危险废物利用处置企业对收运回来的危险废物进行利用处置，只有保证设备的正常运行，才有可能保证生产的顺利进行。产废单位和经营单位应建立设备台账，制定设备的内部检查方案，设备包括处置设备、在线监测设备、环境监测设备、分析仪器、应急设备、压力容器等，检查方案应包括定期的巡检、不定期的临检、定期的大修、测量设备的校验等，针对定期巡检、定期大修等应有详细的方案，对每种类型的检查应明确检查人员范围。目前，这些都依赖设备维护人员的经验和人工表单记录，工作量巨大，效率低下，企业处置成本不可控，信息化手段不足。

综上所述，依靠传统的管理模式已经不能满足我国危险废物的环境管理要求。而随着近年来信息技术的发展，通过信息化技术对危险废物进行监督管理，提高危险废物全过程监管的水平，已经成为危险废物环境管理的重要抓手。信息技术的应用一方面可以使产废单位和经营单位实现安全生产、业务数据符合生态环境保护规范及信息资源共享，提高工作效率；理顺和规范危险废物利用处置的业务流程，消除业务过程中的重复劳动，实现利用处置生产过程的标准化和规范化；通过系统的应用协调单位内部各部门的业务，使其内部资源得到统一，降低库存，加快危险废物贮存库周转的速度；提高利用处置设备管理效率，保障设备正常运行，环保合规排放，降低生产成本，实现精细化管理，进一步增强危险废物环境管理工作质量。另一方面可以增强危险废物监督管理部门的全过程管理效率，可以充分利用物联网、大数据等先进管理手段实现生态环境部门对危险废物产生、贮存、运输和利用处置等过程的在线监管，并且可以通过横纵对比产废单位和经营单位内部危险废物管理情况和行业水平等了解相关单位的生态环境风险，提前预警，杜绝环境安全风险的发生。

6.3 危险废物利用处置信息化管理展望及发展趋势

近年来，从国家到省、市、县各级人民政府，都加大了对危险废物的环境管理能力建设，并不断地出台相关的环境管理的法律法规等制度，为危险废物的利用处置信息化建设及规范化管理提供了重要依据。

6.3.1 危险废物利用处置信息化管理展望

新修订的《固废法》在第十六条和第七十五条明确规定："国务院生态环境主管部门应当会同国务院有关部门建立全国危险废物等固体废物污染环境防治信息平台，推进固体废物收集、转移、处置等全过程监控和信息化追溯""国务院生态环境主管部门根据危险废物的危害特性和产生数量，科学评估其环境风险，实施分级分类管理，建立信息化监管体系，并通过信息化手段管理、共享危险废物转移数据和信息"。

从国家层面来看，全国危险废物等固体废物污染环境防治信息平台的建设方向应逐步对危险废物产生、贮存、转移、利用和处置相关企业申报数据进行数据建模，分析申报数据的可信区间，帮助管理部门进行数据真实性检验，辅助开展现场审核等管理工作；通过大数据分析方法开展不同地区、不同行业、不同企业的废物产生情况和相关变化趋势分析，并结合 GIS 地理信息系统等技术手段开发建设"固体废物管理数据一张图" PC 和移动端应用软件。未来全国危险废物等固体废物污染环境防治信息平台的发展趋势应逐步将各级生态环境部门危险废物环境管理信息系统实现互联互通，同时具备与各大型集团性质类企业实现互联互通的功能，充分实现全国一张网和政企一张网。除此之外，还应加强与管理部门之间的联动，如生态环境系统内部可加强与执法部门、排污许可管理部门等信息共享联动，生态环境系统外部应加强与交通运输、公安、卫生健康部委进行联动。

6.3.2 危险废物利用处置企业的发展趋势

1. 利用处置环节信息化管理发展趋势

危险废物利用处置环节的信息化管控主要涉及进入持证单位后的入库贮存和按

照不同要求进行利用处置，如综合利用、焚烧、物化、填埋等。可以通过智能仓储系统实现危险废物的自动出库并生成电子台账，通过接入危险废物处置设备的工况数据以及危险废物处置车间的摄像头实现企业危险废物处置环节的可视化，并将危险废物处置记录上报系统，便于生态环境部门核查，实现危险废物全过程可追溯管控。同时，持证单位也可以通过分析危险废物来源、类型及数量信息合理调整利用处置工艺和处理效能。

在填埋危险废物时，通过企业的填埋台账，以及填埋场的环境监测数据实现填埋场内已填埋空间的数据可视化，通过污染源监控数据的接入实现企业污染源数据的可视化。

2. 提高进厂分析检验与分拣效率

危险废物来源广泛、种类繁多、成分复杂，其产生、收集、贮存、运输、利用、处置各环节均存在不容忽视的风险。就行业来源而言，工业、农业、服务业等各个行业以及居民日常生活均产生危险废物。危险废物具有腐蚀性、毒性、易燃性、反应性、感染性等危害特性，如果将具有不相容性的危险废物混合在一起极易产生有毒气体或热量，造成人员伤亡和意外事故，因此将危险废物按照危险特性进行源头分类显得至关重要。在信息化建设高度发达的大数据时代，通过运用 RFID 标签、智能识别系统等信息化技术实现危险废物快速识别、检验和分拣，结合收集危险废物信息表、检测、工艺小试等方式，依据"可接收、可处置"的原则，创新危险废物环境管理手段，提升企业日常管理效率。企业将 RFID 标签粘贴或系挂在盛放危险废物的容器或包装物上，通过扫码枪系统自动读取危险废物重量、类别、形态、危险特性、产生环节、产废单位等基础信息，通过 RFID 标签和智能系统自动分析该类危险废物过往批次或类别的危险特性、形态、热值、利用处置方式等信息，进而实现快速精准分拣和配伍，有效提高运行效率，降低因入场特性分析、分拣不当造成的环境风险。

3. 优化出入库管理

危险废物智能化可追溯平台根据业务节点分解成危险废物产生、危险废物贮存、危险废物转移出厂、危险废物签收、危险废物入库、危险废物出库、危险废物利用处置等若干个子模块，开发各子模块相关业务功能。在委托利用处置的出入库环节，危险废物经营单位通过扫码获取拟接收危险废物的相关情况，采用智能地磅等方式核对接收的危险废物是否与扫码信息相符，并实时将相关数据上传至系统；检验无误后，通过扫码，实时上传出入危险废物贮存设施情况和危险废物利用处置情况；在危险废物经营单位的贮存及利用处置环节的信息化监管与产废单位要求一致。危险废物出入库子模块与对应的物联网子系统危险废物智能称重系统、智能仓储系统、车辆智能称重系统、车辆实时监控系统、设备实时数据监控系统以及视频监控系统进行数据对接，从而实现真正意义上危险废物的全过程可追溯。

4. 利用处置设施精细化运行管理

根据系统分析数据按照热值、化学成分等进行自动精确配伍。危险废物入库化验分析后，将危险废物样品化验分析数据（如热值、灰分、闪点、卤族元素含量、含水率、pH）录入系统。以系统里这些数据为基础，配伍系统按照物料热量平衡、物料类别、元素含量平衡、库存控制与收运计划、高风险物料优先配伍等原则，采集各个批次危险废物的检验结果，通过大数据分析技术和机器学习算法，建立数据预警模型，针对危险废物经营单位利用处置设施的相关数据设置报警阈值，实现数据异常自动预警功能。如针对危险废物焚烧设施运行的工艺参数（包括一氧化碳、氧、二氧化碳、一燃室和二燃室温度等）设置报警阈值；针对危险废物填埋设施填埋废物的入场参数（包括污染物控制限值、水溶性盐总量、有机质含量）和监测参数（包括渗漏检测层以及渗滤液的水位监测）设置报警阈值。基于数据智能分析的结果数据管理能够实现危险废物管理由"事前审批管理"转向"事中、事后过程监管"，由"被动式管理"逐步向"主动预防式管理"转变，既能满足环保要求，使利用处置后的危险废物达到减量化、资源化和无害化的要求，提升配伍效率和准确度，提高利用处置设施工况的稳定性，也能降低企业的运营成本。

03

第三篇　其他固体废物信息化管理

第 7 章

无废城市信息化管理

7.1　建设背景

　　"无废城市"是以"创新、协调、绿色、开放、共享"的新发展理念为引领，通过推动形成绿色发展方式和生活方式，持续推进固体废物源头减量和资源化利用，最大限度地减少填埋量，将固体废物环境影响降至最低的城市发展模式。2018 年 12 月，国务院办公厅发布的《"无废城市"建设试点工作方案》（以下简称《工作方案》）要求，充分运用物联网、全球定位系统等信息技术，实现固体废物收集、转移、处置环节信息化、可视化，提高监督管理效率和水平。《中共中央关于制定国民经济和社会发展第十四个五年规划和二〇三五年远景目标的建议》提出，加快数字化发展，并在多个领域提到强化信息化支撑。因此建设信息化监管平台，是形成长效环境管理机制的重要支撑，也是高水平建设"无废城市"的必然选择。

　　以习近平生态文明思想为指导，全面贯彻落实党的十九大和十九届历次全会精神，坚持以人民为中心的发展思想，完整、准确、全面贯彻新发展理念，以"无废城市"为核心和总抓手，推动构建系统化、现代化的生态文明建设及其治理体系，破解制约经济发展过程中固体废物综合治理的突出堵点、难点问题，充分调动政府、企业和社会三方积极性，完善"无废"制度、技术、市场、监管 4 大体系，大力推进固体废物减量化、资源化、无害化，发挥减污降碳协同效应，提高各类固体废物治理科学化、精准化、协同化水平，为实现"无废城市"建设目标，深入打好污染防治攻坚战，实现"碳达峰、碳中和"，建设美丽中国探索新路径。

7.2　建设思路

　　国家层面的固体废物信息化建设主要落实新修订的《固废法》中全过程信息化溯源监管的相关需求，聚焦"三个一"建设。

- 一个统一管理与服务门户：纵向对接国家和省市平台接口，横向对接国家已有的生态环境信息化管理系统，包括与国家生态环境信息化系统建设的各类专网门户和互联网门户等打通结合。

- 可视化一张图：包括固体废物综合指标概览、具体建设指标展示及个性化等全覆盖的功能模块和应用场景。

- 一个综合集成数据库：建成全国固体废物信息数据库，与"无废城市"建设目标与指标紧密结合。"无废城市"建设体系下的固体废物信息库进一步增加宏观决策支持、风险预判预警等功能模块，使国家层面的固体废物管理更智能化高效化。在具体建设时，应遵从以下建设思路：

（1）政府推动，社会共建。充分发挥政府的组织、引导、推动和示范作用。政府负责制订实施发展规划，健全法规和标准，培育和监管危险废物服务市场。注重发挥市场机制作用，协调并优化资源配置，鼓励和调动社会力量，广泛参与，共同推进，形成危险废物管理建设合力。

（2）健全法制，规范发展。逐步建立健全危险废物全过程智慧监管标准体系，加强固体废物信息管理，规范固体废物服务体系发展，深化行业应用，创新监管手段，提升固体废物过程智能监管能力。

（3）统筹规划，分步实施。针对危险废物全过程闭环智慧监管平台建设的长期性、系统性和复杂性，强化顶层设计，立足当前，着眼长远，统筹全局，系统规划，有计划、分步骤地组织实施。

（4）重点突破，强化应用。选择重点领域和典型企业开展危险"全过程"平台建设示范。积极推广危险废物全过程闭环智慧监管平台的应用，促进危险废物信息互联互通、协同共享，健全危险废物物联网联动机制。

7.3 建设目标

以全国"无废城市"信息化管理系统建设为主线，实现"无废城市"创建与政务管理、固体废物管理、治理决策、公众宣教相互贯通，以"无废城市"建设智慧化、精准化服务功能开发为切入点，实现"无废城市"建设整体智治，强化"无废城市"创建与固体废物管理和决策能力，提升管理科学化、精细化、信息化水平，实现固体废物综合治理能力和治理体系现代化。

聚焦全国范围内"无废城市"试点城市建设情况，实现100个试点城市系统100%全覆盖；以无废指标、四张清单为总抓手，实现对所有试点城市建设情况的评估与考核，实现"无废城市"指标体系100%全覆盖，核心指标实现月度更新；跟踪各试点城市固体废物减量化、资源化、无害化进程，实现"三化"基础数据 100% 全覆盖，并实现动态采集、报送和统计分析；展示各试点城市具有推广价值的示范模式，针对无废细胞、无废巡礼等社会参与和展示模块，实现 100% 线上申报和审核；通过无废指数和"无废城市"数字化管理指数对各地市"无废城市"建设情况进行量化评估，实现相关测算数据 100% 全覆盖和月度指数发布；与省级、试点城市"无废城市"信息化平台进行对接，动态实时获取管理数据，并通过单点登录形式访问省级、市级"无废城市"信息化平台（图 7.1）。

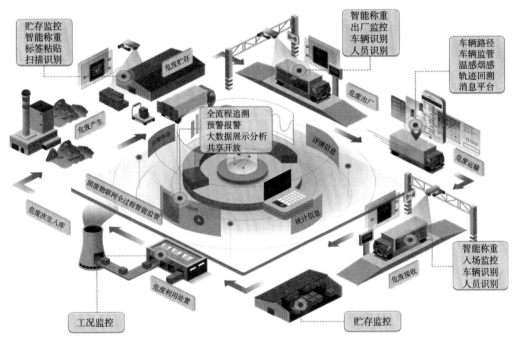

图 7.1　危险废物全过程闭环管理智慧化监管平台场景设计

7.4　建设原则

（1）需求导向。信息系统遵循以实际管理业务的需要出发，在需求调研和系统设计上以实际使用为原则，兼顾长远发展性，使系统能够支撑全局工作，满足各级环保部门的危险废物监管工作的日常审批、检查监管的需要，业务管理工作不断深化与发展，整个系统应该更具适用性，使系统上线即可投入使用。

（2）全面性。信息系统的设计方案要综合当地生态环境管理战略和固体废物管理业务需求，进行系统的、全面的通盘考虑，并兼顾现有的业务状况，在各个业务应用系统合理配置的前提下进行最优化设计。

（3）先进性。信息系统的整体设计要充分考虑系统的发展和升级，采用较为先进的技术指标，确保系统能适应现代信息技术高速发展，在一定时间内不落后，避免以后的投资浪费。设计方案应立足先进技术，采用成熟的计算机技术、物联网技术、GIS、5G、北斗/GPS等技术，使项目具备国内乃至国际领先的地位。系统支持主要的行业标准、规范和协议，能运行目前业界支持的主流组件技术开发的各种应用软件，同时留有充分的扩展接口，可与后期的扩展系统实现无缝对接，具备连续的可扩充性和较强的升级能力。

（4）成熟性和可靠性。"无废城市"建设平台是联系广大公众、涉废企业、管理部门，提供网上服务的重要窗口和桥梁。因此，除了必须选择可靠的网站硬件、软件产品，采用冗余设计、备份方案等措施以外，选择成熟的应用架构技术是保证系统可靠性的重要手段。

（5）实用性与易用性。充分考虑系统的实用性和易用性，系统的操作界面要求尽量完备和简洁友好，要充分利用图像、图表等比较直观的技术，符合办公人员的操作习惯，并能提供实时、有效、准确的数据信息，为固体废物监管部门逐步提高决策的科学化和透明度提供支持，提高各省（区、市）、地市、县（区）危险废物精细化监督管理水平。

（6）安全性和可维护性。应采用高可靠性的设备和技术，充分考虑整个系统运行的安全策略和机制，具有较强的容错能力和良好的恢复能力，保障系统安全、稳定、高效的运行。整个系统及设备应易于管理，易于维护，便于进行系统配置，在系统、物联网终端设备、安全性、数据流量、性能等方面得到很好的监视和控制，并可以进行远程管理和故障诊断。

（7）可扩展性。所设计的软件系统架构均应具备可扩展性，能随着应用的逐步完善和入网用户的逐渐增加不断地进行扩展，整个系统可以平滑地过渡到升级后的新系统。同时在软件系统的开发中，遵循应用架构的规范，使各个功能模块可重复利用，降低系统扩展的复杂性。

（8）标准性和开放性。现在设计的软件系统架构应充分考虑"标准和开放"的原则，要支持各种相应的软硬件接口，使之具有灵活性和延展性，具备与多种系统互联互通的特性，在结构上实现真正开放。在系统建设中应广泛采用遵循国际标准的系统和产品，以便于系统的互联和扩展，同时易于将今后更多的应用软件整合进系统。

无废城市管理平台，以"国家固废信息化管理通则"为指导，以"固体废物管理问题及目标"为导向，以"管理计划"为前提，以"精细化台账"为基础，以

"转移联单"为主线，并充分应用物联网、互联网、大数据等先进技术，构建"角色全覆盖、管理全过程、业务全融合、数据全贯通、办公全方位""风险可预警、过程可追踪、事件可追溯、数据可统计"的智慧化监管数据网，强化数字固体废物管理，并和执法业务对接，进行固体废物监管闭环和执法闭环管理，形成集固体废物全生命周期综合监管、医疗废物全生命周期综合监管、物联网全过程智能监管、大数据展示分析、执法监管应用于一体的危险废物全过程闭环智慧监管平台（图 7.2）。

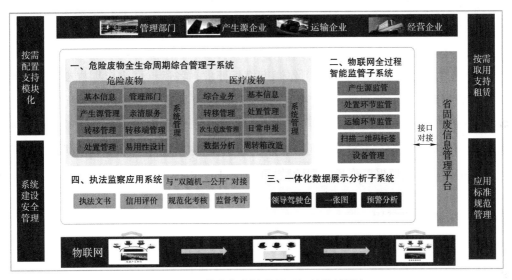

图 7.2　固体废物全过程闭环智慧监管平台

7.5　建设内容

全国"无废城市"信息化管理系统主要建设内容包括基于"无废"数据标准，搭建"无废"数据中心，开发无废建设、社会共建、决策支持三大应用。

7.5.1　无废建设应用

1.无废指标管理

基于《"无废城市"建设指标体系（2021 年版）》中的 5 个一级指标、18 个二级指标和 60 个三级指标构建指标体系，评估各示范城市无废指标的整体完成情况。系统中，指标定义、指标因子、目标值、评估方式可进行自定义配置，定期采集各示范城市无废指标实际完成情况数据，并与历史数据进行比较，分析指标完成情况和变化趋势，将各地区综合完成情况进行排名比较，通过完成率、单指标分析、多指标联动分析等多纬度分析各地区无废指标的完成情况。

2.3 张清单管理

各试点城市可自行维护"无废城市"建设过程中的项目清单、任务清单、责任清单，并定期进行进度跟踪填报。系统可对全国各试点城市项目清单、任务清单、责任清单的完成情况、完成率进行排名，通过 GIS 地图展示新建项目地理位置分布，有条件的还可以接入现场视频或无人机拍摄视频。可单独对 3 张清单中的具体建设任务分解横向进行对比，各试点城市之间可根据项目执行进度、完成情况等多维度进行分析和对标。

3. 建设工作调度

按照"无废城市"建设统一工作调度模板要求，各试点城市定期提交"无废城市"建设进度，5 大类固体废物产生、运输、贮存、处置、利用数据、无废细胞创建、处置设施新建情况等数据。在工作调度板块中，除了部分无法系统采集的数据需要人工采集上报外，大量数据可直接从无废指标、3 张清单等功能模块中获取，最大限度地降低人员填报工作量，保障数据的真实性、及时性。

7.5.2 社会共建应用

1. 无废城市

集成无废巡礼、咨询查询、无废百科、无废课堂等应用，为企业、公众提供"无废城市"建设宣传窗口，便于公众参与"无废城市"建设，践行绿色生活，进一步拉近"无废城市"建设过程中公众与政府部门之间的距离，有助于"无废城市"建设理念的宣传和实践。

2. 先进技术评审

建立"无废城市"建设相关先进技术评审机制，联合国家生态环境科技成果转化综合服务平台，面向社会广泛征集先进技术方案，线上组织专家进行评审并发布优秀方案，进一步促进产学研融通创新，为各地"无废城市"创建提供技术保障。

3. 无废细胞

为社会主体（企业、学校、机关、餐厅等）提供"无废细胞"申报入口，可以进行申报、审核工作，实现"无废细胞"申报、审核的一站式管理。在"无废细胞"模块增加线上申报功能，取代前期线下申报线上录入的模式。系统将按照"无废细胞"的申报流程进行逐级审批，对"无废细胞"进行统计展示分析，主要是对细胞的数量和种类进行数据分析。

7.5.3 决策支持应用

1. 无废指数

根据《"十四五"时期推进"无废城市"建设工作方案》，对《"无废城市"建设指标体系》进行拆解，构建可定量、客观反映"无废城市"建设进展成效的综合指数，对"无废城市"建设的各项工作开展评价，识别影响整体建设成效的优势和短板，及时优化"无废城市"建设目标任务。通过科学评价各示范城市"无废指数"及各类分指数建设情况，实现核心指标对标分析及短板分析。

2. 舆情分析

基于对互联网（微博、新闻、论坛、博客、贴吧、搜索引擎等）的数据源的舆情采集，使平台能第一时间发现与"无废城市"创建相关的最新、最热信息，进一步量化分析"无废城市"传播热度。舆情分析报告可根据用户需要，提供更为详尽的分析报告、区域统计分析报告等，包括舆论重点焦点、舆论阵营、媒体和网民观点、事件概述、事件发源、事件传播轨迹、事件结论等模块，加以热度图、传播图、分布图、自定义图，为用户进行分析研判、管控和处置舆情提供重要参考信息。

3. 物质流分析

基于各类固体废物业务监管系统，实现对各品类物质流向的跟踪，基于大数据，描绘不同时间、地区、类型固体废物流向热力图，结合利用处置设施分布及能力建设情况，综合分析评估物质流向成因及可能存在的业务风险、管理短板。

4. 双碳核算

探索制定重点行业企业固体废物减量化、资源化、无害化管理过程中碳排放核算方法，建立相关技术指南和信息化工具，探索碳排放量在线填报、核查，为未来科学评估"无废城市"建设对"碳达峰、碳中和"的贡献提供重要的数据支撑。

7.5.4 无废数据中心

通过构建"无废城市"业务管理数据和接口标准，横向集成相关管理部门的业务管理系统和数据，纵向贯通国家、省、市、县 4 级信息数据，形成"横向到边，纵向到底"的管理模式和服务格局。

建立"无废城市"信息系统数据标准，根据实际业务需求，对信息系统所需数据类型、数据项、更新频次、正常区间、采集方式进行框架性定义，促使各级固体废物主管部门提高信息化管理水平，形成"无废城市"建设数字化管理分指数，辅助无废指数的量化计算。

第8章
电子废物信息化管理

8.1 废弃电器电子产品回收处理信息管理系统

8.1.1 系统概况

1. 系统建设目标

为贯彻落实《废弃电器电子产品回收处理管理条例》及其相关文件，规范废弃电器电子产品回收处理，最终实现全流程的监管，特此立项建设废弃电器电子产品回收处理信息管理系统。

系统计划完成对废弃电器电子产品处理企业生产全流程实时监管，拆解物入厂称重、生产线各环节视频图像、拆解加工等作业线用电量、人员考勤、必要财务数据等关键环节实时信息采集，实现对废弃电器电子产品处理企业全方位监管；同时需要综合考虑快速增长的海量监管信息数据、动态变化的系统并发处理能力和保障监管信息系统自身的安全、容灾能力等方面的应对方法。

要求部分拆解企业统一按规划建设信息系统即数据采集系统，建设期间，生态环境部已建成报送系统与试用的回收处理系统并行，手工录入数据与自动采集数据并行，可对比两种方式的数据准确性。

2. 系统建设原则

废弃电器电子产品回收处理信息管理系统着眼于打造废弃电器电子产品规范拆解的信息服务平台。在我国走向全面开放的新形势下，本系统以服务于中国各级环境保护部门为根基，依托现有的信息采集网络、强大的多媒体数据库和专业的技术研发队伍，通过逐步建设和发展努力成为具有中国特色的统一的信息平台，为国家各级环保机构提供辅助决策信息，并努力维护废弃电器电子产品回收拆解信息公平、公正、公开，保证国家针对拆解补贴的真实性，在建立公平、合理的全国废弃电器电子产品回收拆解信息服务市场新秩序的过程中发挥积极作用。

废弃电器电子产品回收处理信息管理系统本着高定位、高起点、高技术的基本出发点，其建设必然是一个复杂的系统。因此，本系统的建设必将是一个长期的、分阶段的、循序渐进的过程。其建设必须符合有关国际、国家、环保行业通用标准、协议和规范，保证平台具有良好的可靠性、可扩展性和可维护性，为应对未来环保市场的发展和新信息、新产品的出现提供基础支撑；同时，又要充分发挥现有资源的作用，坚持从实际出发，因地制宜，近期目标与长远发展相结合，立足于成熟、经济、适用、先进又可靠的信息技术，和业务工作紧密结合，注重系统的实用性，合理配置资源，服务、服从于业务需要，统筹规划、统一标准、规范设计、周密计划、合理实施的原则；采用开放性、模块化、智能化的体系结构，实现整个系统科学、高效、可靠、协调的管理与运行。

根据系统建设的要求，本系统设计中将遵循以下原则。

（1）可扩展性原则：模块化设计

系统功能充分满足用户的实际需求，人机界面友好，易于使用、管理、维护、扩展。系统网络结构易于扩充，以适应本系统"总体规划、分步实施"的基本建设策略。

（2）高可靠性原则：性能稳定

为最终满足不同环境保护部门的使用需要，系统每一个环节的设计都将可靠性作为首要的先决条件，从而确保整个平台能够长时间、全天候地正常运行。

（3）先进性原则：结构合理、技术先进

选择先进的计算机网络、信息存储、信息处理等高新技术手段，合理设计、规划与配置系统的整体结构，从而实现整个系统结构合理、技术先进、性能稳定的整体设计目标。

（4）标准性原则：遵循国内外相关标准

系统设计时，所采用的技术手段必须遵循国际、国家和行业相关标准，使系统具有较高的灵活性，与其他机构系统方便连接，同时可适应今后的升级或引进新技术。

（5）经济性原则：确保系统的高性价比

为保证系统的稳定可靠和灵活实用，在产品选型和集成上仔细分析研究，选择一些性能参数较高、成熟稳定、功能实用可靠、价格较为合理的产品，严格以系统学及其他先进理论指导设计，使系统的各部分合理配置，有机融合并尽可能地发挥设备潜力和软件功能，确保整个系统有很高的性价比。

8.1.2 系统需求分析

1. 业务需求

（1）业务目标需求分析

我国固体废物种类繁多，产生数量巨大，环境管理和污染防治任务异常艰巨。随着人民群众生活水平和消费水平的提高，产品消费后形成的固体废物产生量也与日俱增，由此引发的环境问题已不容忽视。我国是世界上最大的家用电器生产和消费国之一，目前已进入电器报废高峰期。

按照 10～15 年的使用寿命计算，中国每年有 500 万台电视机、400 万台冰箱、600 万台洗衣机需要报废，500 万台计算机、上千万部手机进入淘汰期。同时，众多国外电器电子产品进入，使一些地方称为电子垃圾场。废旧电器电子产品有巨大的资源再利用价值，也带来环境污染等问题，发展并完善回收处理产业已迫在眉睫。

生态环境部要求各级环境保护部门要从加快建设资源节约型、环境友好型社会，提高生态文明水平的高度，进一步提高认识，把规范废弃电器电子产品回收处理作为环境保护和固体废物污染防治工作的重点抓好落实。

2008 年 8 月 20 日，《废弃电器电子产品回收处理管理条例》（以下简称《条例》）经国务院第二十三次常务会议通过。2009 年 2 月 25 日，国务院令颁布了《条例》，《条例》从 2011 年 1 月 1 日起施行。这是国务院自 2003 年发布《医疗废物管理条例》、2004 年发布《办法》之后，发布的第三部关于固体废物环境管理的专门行政法规，意义重大且影响深远。《条例》的实施对于规范我国废弃电器电子产品回收处理活动，促进资源综合利用和循环经济发展，保护环境，保障人体健康具有重要的意义。

《条例》规定国家对废弃电器电子产品实行多渠道回收和集中处理制度。国家对废弃电器电子产品处理实行资格许可制度。设区的市级人民政府环境保护主管部门审批废弃电器电子产品处理企业资格。处理企业应当建立废弃电器电子产品的数据信息管理系统，向所在地的设区的市级人民政府环境保护主管部门报送废弃电器电子产品处理的基本数据和有关情况。废弃电器电子产品处理的基本数据的保存期限不得少于 3 年。

为贯彻落实《条例》的规定，指导和规范处理企业建立数据信息管理系统和报送信息，环境保护部又制定了《废弃电器电子产品处理企业建立数据信息管理系统及报送信息指南》。数据信息管理系统应当跟踪记录废弃电器电子产品在处理企业内部运转的整个流程，包括记录每批废弃电器电子产品接收的时间、来源、类别、重量和数量；运输者的名称和地址；贮存的时间和地点；拆解处理的时间、类别、重量和数量；拆解产物（包括最终废弃物）的类别、重量或者数量、去向等。

从管理现状和管理要求来看，信息化已成为提升管理效率，监管透明有效，进行科学决策的重要保障手段。因此，进行系统建设的必要性、重要性和紧迫性非常明显。具体体现如下：

①只有采用信息化手段，才能实现监管处理数据的实时采集、上报，实现对全国废弃电器电子产品回收处理的全流程监管。

②只有采用信息化手段，才能实现对全国废弃电器电子产品回收处理的全方位监管，使监管从抽查提升为全面管理。

③只有采用信息化手段，才能实现对海量采集汇总数据的有效管理，统计查询，并进一步实现数据挖掘和决策支持。

④只有采用信息化手段，才能突破地域和人力资源的限制，利用云计算与物联网技术强大的 IT 服务、运算处理、与信息互联互通能力，完成需要大量人力才能完成甚至人脑根本无法完成的任务。

⑤系统的建设，将进一步规范行业管理现状，成为国家专项补贴资金合理、高效使用和确保废弃电器电子产品环保回收处理的重要保障手段。

（2）信息资源和数据库

①数据资源需求

数据资源需求包括企业基础数据、生产业务数据和物联数据 3 大部分，建设框架如图 8.1 所示。

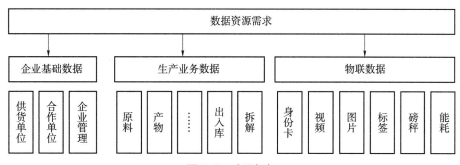

图 8.1　建设框架

从数据内容来看，企业基础数据、生产业务数据和物联数据分别按照所属业务范围和流程进行细化，包含所有数据的录入、审核、实时更新、可追溯历史数据。同时，拆解企业不断增多和生产过程的延续，不断丰富拆解企业行业业务数据库的框架和内容构成。

②业务目标

数据库建设是整个系统的一个重点。考虑到系统覆盖全国的地域特色，采用分布式数据库作为整个信息平台的数据管理架构，统一处理管理各种数据。数据库建设的前提条件是，有很多重要的企业端与管理端应用已经开展，那么数据库建设才有可靠、及时、准确的数据来源，否则再好的技术设施也发挥不出应有的作用和价值。

根据总体要求，数据库的建设将主要实现 5 大目标：

• 调研整个系统需求，要逐步完善企业端企业管理、申报，管理端业务管理、审批等业务数据，并对这些数据进行有效的加工，最终通过决策、统计分析、报表等方式提供给企业端、管理端、公众提供服务，建成强大的废弃电器电子产品回收处理数据库。

• 在整合和规范各类异构数据源和采集数据的同时，建成科学、规范和高效的数据库系统，同时形成标准统一规范的数据编码体系和完备的数据字典。

• 不断调整和丰富数据库的内容构成，并深入挖掘各类数据的价值，为整个废弃电子电器产品领域提供更有利的数据支持。

• 及时跟踪和引进国内外最先进的数据库技术和产品，提供高效率的分析、展示和个性化定制平台；同时，针对目标用户和整个废弃电器电子产品的各种属性，实现数据各模块的产品化和个性化。

• 预留企业 ERP 系统、各环境保护部门已建应用系统和各地方固废中心已建应用系统三者之间的各类数据接口，保证各类信息数据的快速调用和高效利用。

③业务功能需求

废弃电子电器产品处理数据库的主要功能是存储和管理存在逻辑关系的数据和信息，为用户提供定制计算、关联比较等浏览直观、统计便捷的数据服务。

从功能来看，此数据库主要提供不同层次数据的统计、关联计算、时间序列预测等分析功能、多样化图形展示和报表展示功能，支持数据检索、数据导入导出、固定报表浏览和自定义图表分析、各种主题展示等功能。

（3）业务需求描述

业务需求描述如图 8.2 所示。

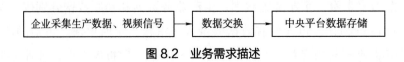

图 8.2　业务需求描述

（4）系统功能需求说明

系统功能主要包括以下内容：拆解数据采集、基金发放审核、数据分析、动态查询、报表编制、数据报送。

（5）用户需求说明

废弃电器电子产品处理信息系统涉及财政部、生态环境部、生态环境部固体废物与化学品管理技术中心、省级环境保护部门、行业协会、公众、企业。用户需求如图 8.3 所示。

（6）数据存储与应用

①业务数据管理

系统涉及的废弃电器电子产品处理企业信息、拆解相关数据、技术审核数据以及现场审核数据等业务数据都将及时保存到数据库中，具有权限的用户可以随时进行查询。

②统计数据管理

为了方便日常使用以及提高系统性能，对于经常使用的固定格式统计数据，系统将自动进行统计计算并将计算结果保存在数据库中，具有权限的用户可以随时快速查看此类统计表格。

③历史数据管理

系统提供历史数据处理功能，自动将 1 年的业务数据和统计数据保存到历史数据库。系统将对历史数据库进行优化处理，对业务数据和统计数据分别保存，可以随时进行历史数据查询和对比分析。

2. 系统安全需求

信息平台在运行过程中会面临来自内部、外部，恶意、无意等多方面风险。在科学的风险评估基础上，需要对面临的风险进行分析，总结出具体的安全需求。

8.1.3 系统建设原则

（1）可扩展性原则：模块化设计；

（2）高可靠性原则：性能稳定；

（3）先进性原则：结构合理、技术先进；

（4）标准性原则：遵循国内外相关标准；

（5）经济性原则：确保系统的高性价比；

（6）以系统建设目标为导向，以指导系统实施为标准；

（7）技术方案遵循废弃电器电子产品回收处理信息管理系统建设制定的各项标准；

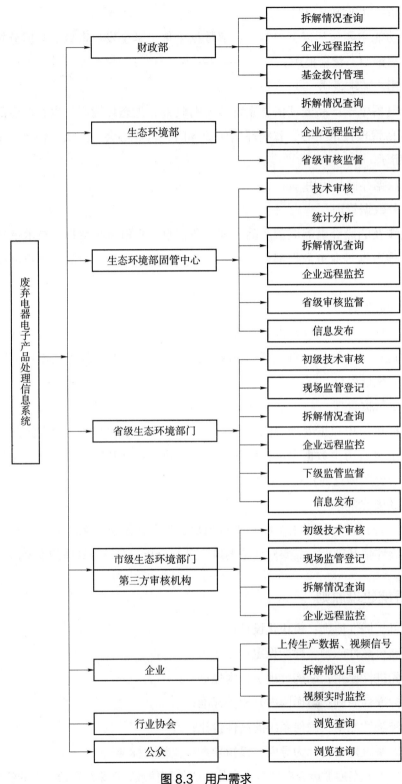

图 8.3　用户需求

（8）系统体系架构应具备良好的开放性、可扩展性；

（9）采用成熟和实用的技术和产品，兼顾先进性；

（10）在符合总集成总体技术要求的前提下，子项集成商的设计可结合单位实际，适度灵活。

8.1.4　系统建设目标

充分挖掘和利用生态环境部的优势和资源，重点围绕包括国家、省、市、县各级管理层用户的监管、审核等相关的要求以及要整合、统计、分析拆解企业所产生的包括原始台账数据信息、视频数据信息证券、业务申请上报等相关的所有信息，构建由一个中央节点辐射出各个管理部门进而到各个拆解企业的资讯采集和信息发布体系。形成面向所有 10 家试点拆解企业的实时生产数据自动采集、自动抓取并统计汇总管理部门所需要的监管数据、拆解企业关键生产点位的视频采集直接传输到中央节点等主要功能。

（1）实现全方位监管废弃电器电子产品处理企业，完成对部分废弃电器电子产品处理企业生产全流程实时监管。拆解物入厂称重、生产线各环节视频图像、拆解加工等作业线用电量、人员考勤、必要财务数据等关键环节实时信息采集。

（2）信息系统安全等性能指标的综合考虑，同时为了应对快速增长的海量监管信息数据、动态变化的系统并发处理能力和保障监管信息系统自身的安全、容灾能力等综合考虑。

（3）实现生态环境部已建成报送系统与试用的回收处理系统并行。要求部分拆解企业统一按规划建设信息系统即数据采集系统，建设期间，生态环境部已建成报送系统与试用的回收处理系统并行，手工录入数据与自动采集数据并行，可对比两种方式的数据准确性。

（4）完成中央节点系统建设，并按生态环境部要求逐步实现两个系统的切换。

（5）部分企业实现拆解全流程数据实时自动采集上报。

（6）获取更多的数据分析功能提供决策依据。

（7）根据主管部门的需求扩展其他行政管理功能。

8.1.5　系统建设内容

废弃电器电子产品回收处理信息管理系统的建设主要包括以下内容。

总体规划设计：在分析生态环境部业务现状和梳理全国拆解企业的应用现状的基础上，规划设计适应生态环境部未来业务变革要求的信息平台，并从总体上进行架构设计，包括等业务架构、技术架构、应用架构、数据架构、部署架构、集成架构等。

总集成组织管理以及标准规范体系建设，包括总体标准、网络建设标准、应用支撑标准、系统管理标准、应用标准、信息安全标准等建设。

应用支撑平台建设：建设高性能、可扩展和可管理的应用支撑平台，包括基础支撑平台、支撑平台、决策支撑平台、内容支撑平台等建设。

应用系统建设：根据最终使用用户分类，结合应用系统功能，将应用系统建设分为如下大类，企业端（包括企业管理类、业务管理类、基金申请类）、管理端（包括企业注册类、基金审核类、日常监管类、移动应用类、门户网站）。

数据资源体系建设：根据信息资源的引进处理和各个业务流程，将数据资源体系建设分为数据采集加工区、数据整合交换区、数据存储区、数据服务区和数据管理区建设。

标准规范体系建设涉及系统基础设施建设，包括网络系统、存储系统、安全体系等建设；运维管理体系建设，包括组织机构、管理制度和技术支持等各方面的规划和建设。

1. 系统总体逻辑结构

系统总体逻辑结构从两个方面来说明：一方面是在需求分析的基础上归纳出的系统总的组成框架，是一个静态的结构，主要说明系统的组成部分，以及在系统的各个节点中包含的子系统和设施；另一方面是系统总的组成框架的内部、外部关系，主要说明系统各节点及组成部分的交互关系和接口说明。

2. 业务逻辑架构

信息平台涉及的电子废品规范拆解业务和基金审核补贴业务包括3个层次：操作层、管理层和指导层。操作层的业务分为回收环节、拆解环节和分类处置环节（图 8.4）。

回收环节，主要包括入厂监管流程、拆解物库存管理流程。在入厂监管流程中，回收企业要先进行身份认证，填写回收企业的基本信息，领取回收企业身份卡，进行身份识别，并关联到入厂车辆的信息，包括车辆入厂时间、车牌号、车型等信息；入厂车辆通过地磅秤采集总重量，然后行驶到卸货区，将拆解物卸车，分类型、分型号地分拣到标准框中，并在每个标准框上贴上条形码；空驶车辆通过地磅秤采集皮重重量。

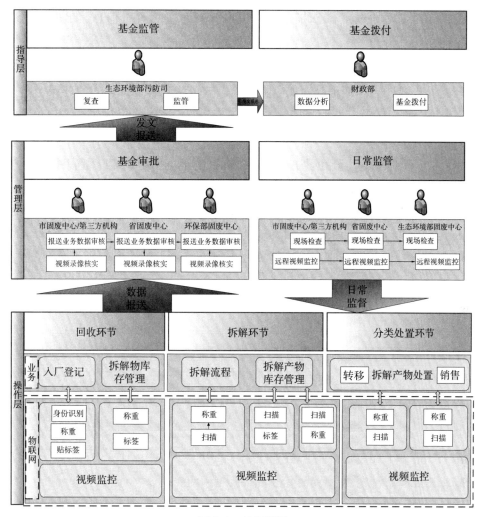

图 8.4　业务逻辑

拆解环节，主要包括拆解流程、拆解产物库存管理流程。

在拆解流程中，标准框出库后，运到拆解线入口，拆解工人通过手持终端扫描标准框条形码，逐个搬到拆解线上，拆解工人通过手持终端填报拆解物数量，自动计数器进行数量验证；拆解完成后，所有拆解产物分类放入专属容器，每个专属容器贴上条码，通过电子称进行称重，数据自动采集到系统。

在拆解产物库存管理流程中，装满拆解产物的专属容器运到拆解产物库房，通过电子秤采集拆解物的重量，同时通过手持终端扫描条形码关联信息并填写具体存储区域，包括重量信息、入库时间、存储点位等信息；企业管理人员按照销售合同或处置方案，填写出库单，到拆解产物库房领取拆解产物，通过磅秤采集拆解产物的重量，同时通过手持终端扫描条形码关联信息，包括重量信息、出库时间、拆解线。

分类处置环节，主要包括拆解产物处置流程。企业管理人员将拆解产物的去向进行分类，分别进行详细记录，如危险废物，应转移到有处理能力的环保企业，填写危险废物转移三联单。

3. 信息平台总体架构

信息平台总体架构主要由"五个体系"和"七个层次"构成。"五个体系"包括政策法规体系、标准规范体系、管理运行维护体系、安全保障体系和技术支持体系；"七个层次"包括基础设施层、数据资源层、应用支撑层、应用层、展现层、交互层和用户层。信息平台总体架构如图 8.5 所示。

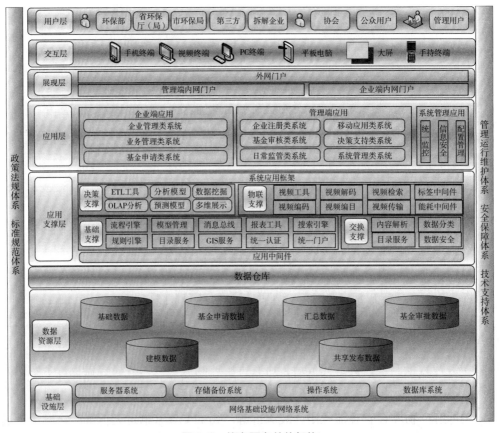

图 8.5　信息平台总体架构

在信息平台总体架构中，每个层次的结构和功能相对独立，下一层为上一层提供支持和服务。

（1）基础设施层：主要是信息平台的网络基础设施、网络系统、服务器系统、存储系统、操作系统、数据库系统。

（2）数据资源层：提供整体架构的数据信息层服务，包括拆解产物数据库、产品出入库数据库、拆解关键数据库、统计数据库、信用数据库及其他各业务数据库、数据仓库。

（3）应用支撑层：应用支撑层是信息平台的开发和运行平台，是一个高性能、可用、可靠、可扩展和可管理的应用支撑平台。应用支撑层包含 6 部分内容：应用中间件、基础支撑平台、交换支撑平台、决策支撑平台、物联支撑平台和系统应用框架。

（4）应用层：应用层为信息平台的各种业务应用和服务系统，构建在应用支撑平台之上由管理端应用类系统、企业端应用类系统和系统管理类应用系统等多个应用类系统构成，此应用服务层可以专注于业务逻辑的设计，并通过服务总线实现对各子系统的集成整合。

（5）展现层：展现层作为统一的用户接入、信息交互层，规范业务系统的用户交互界面，提供公共的服务功能。为用户提供单点登录、个性化、组件化展示等服务。系统还可以为用户提供多渠道接入方式。

（6）交互层：交互层为提供一个基于互联网、专线、卫星、通信网络（移动、电信、联通）等多种接入方式并能够整合 PC 终端、手机终端、平板电脑等多渠道接入系统，确保客户能实时在线和移动办公。

（7）用户层：生态环境部、省（市）生态环境部门、第三方机构、拆解企业、协会、公众等各类用户可以通过多种介质、多种接入方式访问信息平台。

政策法规体系、标准规范体系、运维管理体系、安全保障体系各技术支持体系为信息平台建设提供各个层次保障，包括各种政策法规保障、标准规范保障、组织与管理保障、安全措施与安全技术保障、运行维护与技术支持保障等。"五个体系"将政策法规、标准规范、管理形式和技术手段有机地结合在一起，使信息平台的建设和长久发展有扎实的基础和坚实的保障。

4. 数据架构图

数据架构如图 8.6 所示。

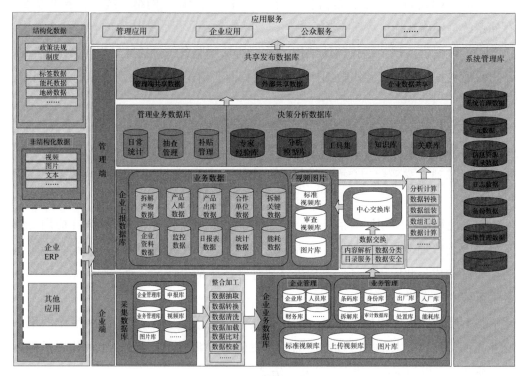

图 8.6　数据架构

采集数据库从各种数据源采集的数据，首先以原貌的方式存放，在经过抽取转换加载等处理活动后，生成企业端企业管理数据、业务管理数据及数据即企业业务数据库，再将企业端的数据同步集中到管理端中心交换机形成中心交换库，经过数据交换形成管理端企业上报数据库，这些数据构成了数据分析和数据深加工的基础；经过分析计算后的分析数据，组成管理业务数据库、决策分析数据库，这些分析数据将根据企业端与管理端的不同需求及权限并发布；系统管理数据库则存放了所有支撑系统管理职能的数据，包括备份数据、审计数据、日志数据、系统管理数据等。

从整体的角度来看，废弃电器电子产品回收处理信息管理系统是一个由一系列应用系统，计算机软、硬件系统，网络系统组成的复杂的系统。废弃电器电子产品回收处理的各类应用和信息资源需要部署在一个安全、可靠、高性能的环境中来运行。

5. 系统环境

系统环境是废弃电器电子产品回收处理信息管理系统赖以运行的基础，包括硬件环境设备和系统软件。

硬件设备包括各类服务器设备、个人计算设备、存储设备、通信设备和安全设备。

系统软件包括操作系统、数据库管理系统、中间件产品、各类安全和系统管理软件、开发工具等。

因为系统需要选购大量的硬件和系统软件。为了保持系统一致性、降低采购成本和日后便于维护，系统在选择搭建系统环境的产品时，采用统采策略。

8.2 废弃电器电子产品拆解智能化辅助审核管理系统

8.2.1 系统概况

1. 政策背景

2008 年 8 月 20 日，为了规范废弃电器电子产品的回收处理活动，促进资源综合利用和循环经济发展，保护环境，保障人体健康，根据《中华人民共和国清洁生产促进法》和《固废法》的规定，国务院第二十三次常务会议审议通过《条例》（国务院令第 551 号），并于自 2011 年 1 月 1 日起施行。根据 2019 年 3 月 2 日《国务院关于修改部分行政法规的决定》，《条例》进行修正，并于 2009 年 2 月 25 日通过中华人民共和国国务院令第 551 号公布。

2012 年 9 月 3 日，环境保护部、财政部联合发布了《关于组织开展废弃电器电子产品拆解处理情况审核工作的通知》（以下简称《通知》）。《通知》要求从严审核废弃电器电子产品拆解处理情况，核定每个处理企业的补贴金额，保障废弃电器电子产品处理基金使用安全。《通知》规定省级环境保护部门负责组织本辖区处理企业拆解处理种类和数量的审核工作，制定审核工作方案，配备专人负责审核工作。各级环境保护部门在开展审核工作中发生的委托专业机构审核经费、建设远程视频监控系统经费及其他相关经费开支，由各级环境保护部门向同级财政部门提出申请，同级财政部门在环境保护部门预算中予以核定，切实保障环境保护部门开展审核工作的需要。《通知》要求各相关环境保护部门要依据《废弃电器电子产品企业补贴审核指南》，对处理企业回收和拆解处理废弃电器电子产品的物流、信息流和资金流进行比对审核，确定拆解处理种类和数量。对处理企业不能提供材料证明的，或者有关物流、信息流和资金流等信息不一致且不能提供充分合理理由的，不予认可；对危险废物类拆解产物（如含铅玻璃、印刷电路板等）的处理情况，要核对危险废物接收单位返还的转移联单，无接收单位返还转移联单的，不予认可。《通知》要求各级相关环境保护部门要督促处理企业按照《废弃电器电子产品处理企业资格审查和许可指南》的要求，完善处理企业远程视频监控系统，对拆解处理全过程进行监控，并与省级环境保护部门联网。

2014 年 12 月 5 日，为贯彻《条例》（国务院令 第 551 号）、《电子废物污染环境防治管理办法》（国家环境保护总局令 第 40 号）及《废弃电器电子产品处理基金征收使用管理办法》（财综〔2012〕34 号），提高废弃电器电子产品处理基金补贴企业规范生产作业和环境管理水平，保护环境，防治污染，环境保护部及工业和信息化部印发了《废弃电器电子产品规范拆解处理作业及生产管理指南（2015 年版）》，于 2015 年 1 月 1 日实施。

2015 年 2 月，经国务院批准，国家发展改革委、环境保护部、工业和信息化部、财政部、海关总署、税务总局等发布 2015 年第 5 号公告，公布了《废弃电器电子产品处理目录（2014 年版）》（以下简称 2014 年版目录），调整扩大了目录范围，由过去的 5 类产品扩大到 14 类产品。包括电冰箱、洗衣机、电热水器、燃气热水器、打印机、传真机、电视机、监视器、微型计算机、移动通信手持机、电话单机。

2019 年 6 月 24 日，为贯彻落实《条例》和《废弃电器电子产品基金征收使用管理办法》，促进废弃电器电子产品妥善回收处理，规范和指导废弃电器电子产品拆解处理情况审核工作，保障基金使用安全，生态环境部印发《废弃电器电子产品拆解处理情况审核工作指南（2019 年版）》，自 2019 年 10 月 1 日起施行。审核指南主要用于对废弃电器电子产品处理基金补贴名单内处理企业废弃电器电子产品拆解处理种类和数量的审核工作。

2. 处理企业情况

目前，国家对废弃电器电子处理行业实行行业准入政策。取得废弃电器电子拆解资格，并纳入废弃电器电子产品处理基金补贴名单的企业才能按照合规拆解量申请基金补贴。目前合计 5 批共计 109 家企业进入基金补贴名单。

3. 业务需求

（1）拆解审核

根据《废弃电器电气产品拆解处理情况审核工作指南（2019 年版）》，省级生态环境主管部门组织对行政区域内处理企业的申请进行审核，审核工作既可以按季度集中开展，也可以结合本地区实际情况采取按月分期审核、与日常监管工作相结合审核等其他形式开展。审核以随机抽查为主，即随机抽取审核时段内的一定天数

（以下简称抽查日）进行审核。抽查率原则上不低于 10%，且覆盖审核时段内实际拆解处理的各种类废弃电器电子产品。其中，审核以随机抽查为主，即随机抽取审核时段（一般是一个季度，如 1 月 1 日至 3 月 31 日）内的一定天数进行审核。抽查率（抽查率＝抽查的天数/审核时段内的实际拆解处理天数 ×100%）原则上不低于 10%，且覆盖审核时段内实际拆解处理的各种类废弃电器电子产品，种类按照废电视机 -1、废电视机 -2、废冰箱、废洗衣机 -1、废洗衣机 -2、废空调、废计算机划分。

审核核实的规范拆解处理数量不低于处理企业申报的规范处理数量的，认可企业申报的规范处理数量；审核核实的规范处理数量低于处理企业申报的规范处理数量的，不认可企业的自查情况，对处理企业申报的规范处理数量进行扣减。新纳入补贴名单的处理企业首次申报基金补贴时，其拆解处理种类和数量从获得废弃电器电子产品处理许可证之日开始计算。已纳入补贴名单的处理企业搬迁至新址的，其新址设施的拆解处理种类和数量可以从旧址设施停产之后，且新址获得废弃电器电子产品处理资格证书之日起开始计算。

1）台账记录真实性

在抽查日中，选取一定比例的生产台账记录信息，查看对应生产过程的视频录像，检查台账记录是否真实。

①进出厂记录

a. 从抽查日中随机选取至少 1 天，对当天厂区进出口的录像进行 100% 查看，核对所有车辆、货物进出情况是否都有相对应的进出厂台账记录。

b. 对每个抽查日，随机选取一定数量的废弃电器电子产品进厂和拆解产物出厂的原始地磅单，调取对应车辆进出厂视频录像，核对地磅单、废弃电器电子产品进厂或者拆解产物出厂记录等信息与视频录像记录的时间、车辆信息等的一致性。

②废弃电器电子产品入库

对进出厂抽查环节选取的废弃电器电子产品进厂车辆，追踪查看该车辆进厂后运输、卸货、废弃电器电子产品入库情况，查找对应卸货、入库、空车出厂的原始台账记录和视频录像，核对台账记录与视频录像的一致性。

③废弃电器电子产品领料出库

对每个抽查日，随机选取任意废弃电器电子产品出库单据，调取出库视频，跟踪从出库到拆解处理的运输过程，核对出库信息与视频记录情况的一致性。

④拆解产物入库

对每个抽查日，随机选取一定数量的拆解产物入库单据，调取拆解产物入库视频，核对入库信息与视频记录情况的一致性。

⑤拆解产物出库、出厂

对进出厂抽查环节选取的拆解产物出厂车辆，调取对应拆解产物出库、装车台账记录和视频录像，核对台账记录与视频录像的一致性。

2）台账记录准确性

从抽查日中选取合适的点位进行视频计数抽查，核对生产台账记录数量与视频录像反映情况的一致性。确定视频计数抽查范围时，要结合处理企业生产台账记录情况、生产作业安排情况合理进行选择，尽可能分散到拆解处理作业的各个工作阶段。

根据处理企业台账信息的设置特点，可以采用以下方法之一进行抽查：

①如果处理企业采用条码扫描系统、计数器、定时手工记录等方法，使生产台账记录的数量能在一个固定时间段（如每 1 小时或者每 1 个班组记录一次）、一个固定工位范围（如 1 条生产线、1 个班组或者 1 个工位）与其相应的视频录像实现准确对应，则可以对每个抽查日选择一个固定时间段及固定工位范围的台账及其对应视频录像作为一个抽查单元。如某处理企业有 3 台 CRT 切割机，生产台账记录可以提供每台 CRT 切割机每小时的拆解处理数量，则可以对每个抽查日随机选择某台 CRT 切割机某一个小时的视频录像作为一个抽查单元。

采用此种方法时，抽查日内抽查的累计视频录像长度，建议不少于审核时段内日平均工作时长的 2 倍。如审核时段内的日平均工作时长为 10 h，则审核时段内对不同工位的视频录像抽查累计时长不少于 20 h。按下列公式计算计数差异率：

计数差异率 =（视频抽查对应企业生产台账的记录总数量 / 视频抽查核实的处理
总数量 -1）× 100%

注：计算的计数差异率超过 100% 后，取 100%。

②如果处理企业生产台账记录的数量与其相应的视频录像只能做到按日对应，则建议选择不少于 3 个抽查日的全天视频录像进行完整计数，按下列公式对每个抽查日分别计算计数差异率，取最大值作为扣减依据：

计数差异率 =（抽查日企业生产台账的记录数量 / 抽查日视频抽查核实的处理
总数量 -1）× 100%

注：计算的计数差异率超过 100% 后，取 100%。

3）拆解处理过程规范性

对每个抽查日选择关键点位中能够清晰辨识整机拆解、CRT 屏锥分离、荧光粉收集、制冷剂收集等涉及关键拆解产物或者危险废物类拆解产物操作过程的视频监控画面，检查拆解处理的废弃电器电子产品是否属于基金补贴范围、拆解处理操作过程是否规范等情况。

①在每个抽查日中查看每种类废弃电器电子产品拆解处理过程时，对每个所选视频监控点位抽选查看的视频录像长度不少于 60 min。当发现某个视频监控点位存在需扣减的情形时，可选择对该点位原有查看视频时段前后增加查看长度或抽选该点位其他时段录像等方式进一步核实应扣减的数量。

②在查看的所有视频点位录像中截取应扣减数量最多的连续 60 min 视频录像（如查看某企业 9∶00—12∶00 视频录像后，发现 A 工位 9∶35—10∶35 应扣减数量最多，则选择 9∶35—10∶35 作为计算依据），并采用这 60 min 内企业申报的规范处理数量和审核核实的规范处理数量计算某个种类废弃电器电子产品的规范差异率，计算公式如下：

规范差异率 =（某 60 min 内企业申报的规范处理数量 / 某 60 min 内核实的规范处理数量 -1）× 100%

注：a. 计算的规范差异率超过 100% 后，取 100%。

b. 某 60 min 内企业申报的规范处理数量是指审核人员在某 60 min 看到的企业实际拆解处理数量与企业在某 60 min 内对应自查记录中已扣减数量的差值。

规范性抽查可与视频计数抽查结合起来开展。

（2）企业自查内审

处理企业应当建立基金补贴申报的自查内审制度，在申报补贴前，对基础记录、原始凭证、视频录像等进行自查，扣除不属于基金补贴范围和不符合规范拆解处理要求的废弃电器电子产品拆解处理数量，并形成详细的自查记录。

处理企业应当对每个季度完成拆解处理的废弃电器电子产品种类和数量情况进行统计，填写《废弃电器电子产品拆解处理情况表》及所在地省级生态环境主管部门规定的其他材料，在每个季度结束次月的 5 日前，将上述材料及自查记录报送所在地省级生态环境主管部门及其规定的有关机构，遇法定节假日可顺延报送。逾期 1 个月未报送的，视为放弃申请基金补贴。

（3）目前审核短板与不足

根据相关法律法规要求，视频监控是废弃电器电子产品拆解处理基金审核和处理企业自查工作中的必要审核手段，但是目前视频业务中的应用水平还存在以下短板与不足：

1）以人工回看为主，难免造成失误和遗漏。目前企业自查和政府审核均是安排专人，对规定时间段内企业视频进行回看；由于长时间工作，会导致人眼视觉疲劳，精神疲倦等情况，从而出现遗漏、误判等，影响计数等审核过程的准确性。

2）现有视频设备缺乏智能化技术辅助，工作效率较低。目前各地管理部门和拆解企业在视频智能化方面的投入较少，导致视频智能化应用水平较低。

此外，由于全国各拆解企业分布在不同省（市），基金审核工作人员在审核或复核时，需要前往所在地区，人员差旅成本和时间成本较高。

目前，随着人工智能和图像视频图技术的发展和日益普及，使得废电视机、废冰箱、废洗衣机、废空调、废计算机等智能计数、产品类型识别、真假产品鉴别、关键部件智能检测，以及拆解动作规范（荧光粉吸收、CRT 破碎、制冷剂回收等）智能检测等智能应用成为可能。因此，十分有必要通过 AI 赋能，通过机器学习、神经网络等技术，开发相关算法，推进开展视频智能审核应用，提高拆解审核和企业自查的工作效率。

4. 建设依据

（1）废弃电器电子产品处理相关政策

1）《废弃电器电气产品拆解处理情况审核工作指南（2019 年版）》。

2）《废弃电器电子产品回收处理管理条例》（国务院令　第 551 号）。

3）《废弃电器电子产品处理目录（2014 年版）》（国家发展改革委、环境保护部、工业和信息化部、财政部、海关总署、税务总局公告　第 5 号）。

4）《〈废弃电器电子产品处理目录（2014 年版）〉释义》（发改办环资〔2016〕1050 号）。

5）《废弃电器电子产品处理资格许可管理办法》（环境保护部令　第 13 号）。

6）《电子废物污染环境防治管理办法》（国家环境保护总局令　第 40 号）。

7）《废弃电器电子产品处理基金征收使用管理办法》（财综〔2012〕34 号）。

8）《关于组织开展废弃电器电子产品拆解处理情况审核工作的通知》（环发〔2012〕110 号）。

9）《关于完善废弃电器电子产品处理基金等政策的通知》（财综〔2013〕110 号）。

10）《废弃电器电子产品处理企业建立数据信息管理系统及报送信息指南》（环境保护部公告　2010 年第 84 号）。

11）《废弃电器电子产品处理企业资格审查和许可指南》（环境保护部公告 2010 年第 90 号）。

12）《关于进一步明确废弃电器电子产品处理基金征收产品范围的通知》（财综〔2012〕80 号）。

13）《废弃电器电子产品规范拆解处理作业及生产管理指南（2015 年版）》（环境保护部、工业和信息化部公告　2014 年第 82 号）。

（2）视频监控相关技术标准

1）《公共安全视频监控联网系统信息传输、交换、控制技术要求》（GB/T 28181—2016）。

2）《视频安防监控系统工程设计规范》（GB 50395—2007）。

3）《信息安全技术　网络安全等级保护基本要求》（GB/T 22239—2019）。

4）《视频安防监控系统技术要求》（GA/T 367—2001）。

5）《民用闭路监视电视系统工程技术规范》（GB 50198—2011）。

6）《工业电视系统工程设计标准》（GB/T 50115—2019）。

7）《视频显示系统工程技术规范》（GB 50464—2008）。

8.2.2　视频管理系统总体架构

基于人工智能、大数据、云平台等技术，打造一个基础的、强大的、开放的废弃电器电子产品拆解视频智能管理系统（以下简称视频管理系统），充分释放视频资源的价值，赋能全国废弃电器电子产品回收处理基金审核业务，快速构建可视化、智能化的视频应用能力，提高审核和处理企业自查工作效率，节省成本。

通过开发视频智能分析算法和适当增加智能分析设备，充分利用企业现有视频监控，构建具备废弃电器电子产品智能识别、分类、计数关键拆解动作规范性识别等服务能力的视频智能审核系统，辅助企业降低视频自查管理成本，助力生态环境管理部门提高审核效率。

紧扣废弃电器电子产品拆解审核业务需求、考虑拆解企业到部、省固管中心的网络差异情况，运用"AI 赋能，云边融合"的技术理念，综合利用视频监控、图像识别、深度学习、云存储、云计算、边缘计算等先进技术，基于已有云基础设施和视频监控设备，构建部、省两级视频审核系统，深入开展紧贴业务需求的智能化应用，提升业务效率，实现机器换人。视频智能审核平台整体架构结构如图 8.7 所示：

由图 8.7 可知，视频审核系统由部、省、企业三级平台节点构成，即部固管中心视频智能审核平台、省级视频智能审核平台和企业视频监控平台。

为了满足智能审核应用需求，应按照满足《公共安全视频监控联网系统信息传输、交换、控制技术要求》（GB/T 28181—2016）的要求，新建或升级部固管中心视频智能审核平台和省级视频智能审核平台，包括视频联网汇聚、视频云存储、视频智能分析、视频运维管理和视频审核应用模块。其中，视频联网汇聚通过 GB/T 28181—2016 协议实现下级平台联网接入，实现视频资源目录获取、实时视频调看、录像抽取等；视频云根据企业抽查企业自动抽取关联的企业视频录像并存储；智能

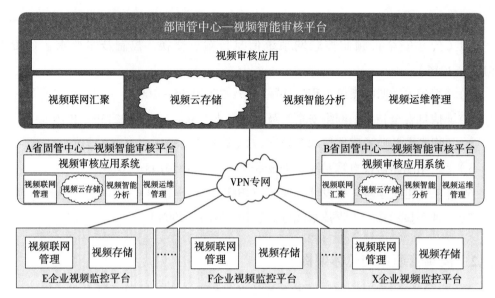

图 8.7　总体架构

分析主要是对拆解审核要点对应的视频录像进行智能解析、识别和检测，包括相应算法开发和配套 GPU 硬件建设；视频运维管理主要是对所辖区域企业视频监控平台、视频设备、存储设备、视频存储情况、视频图像质量进行自动检测并生成统计报表；视频应用主要提供废电视机、废空调、废冰箱、废计算机等拆解审核应用。

企业视频监控平台应满足《公共安全视频监控联网系统信息传输、交换、控制技术要求》（GB/T 28181—2016）的要求，并具备视频联网共享能力，能够向省级视频智能审核平台共享视频图像资源（含视频资源目录、实时视频和视频录像）。不满足该标准的平台，由企业对其进行标准化升级改造。同时，企业视频监控平台，需要结合企业自查需求，开发智能分析算法及配套软件，采购具备 GPU 芯片的智能分析硬件设备。

8.2.3　视频管理系统主要功能

1. 视频智能应用

平台能够面向固管中心、处置企业等用户提供视频应用服务。

（1）视频审核应用

根据废电视机、废冰箱、废洗衣机、废空调、废计算机的拆解审核需求，综合企业出入口、计量设备、货物装卸区、包装区、贮存区、拆解处理区、通道和露天区域、深加工区域等覆盖从废弃电器电子产品入厂到拆解产物出厂的全过程的视频图像、智能分析结果等数据，开发视频智能审核应用功能，支撑审核工作快速高效开展。

（2）企业自查应用

平台能够对进出厂区的车辆号牌进行智能抓取识别；能够对地磅区域车辆号码进行智能识别，并与相应的地磅重量数据关联。

1）拆解工作量估算辅助：通过对不同拆解线上的废弃产品及拆解物的智能计算，辅助拆解工人工作量计算。

2）异常拆解行为智能发现：针对拆解线上出现的锥玻璃破碎、屏玻璃破碎、CRT 荧光粉残留、含汞背光灯管破损、氟泄漏等异常事件进行智能检测、人工审核和统计，一定程度降低企业自查工作负担。

（3）视频通用功能

平台可面向固管中心和处置企业提供以下视频基础应用功能：

1）具备视频广场功能。通过视频广场可直观掌握处置企业视频资源的基本情况及分布情况，实现快速定位所需要视频资源。支持视频资源详情查看。支持按照区域、企业、场所、场景等方式进行资源展示。支持进行场所过滤、区域查询、视频预览、在线录像回放、点位收藏等功能操作。用户可快速调看企业出入口、计量设备、货物装卸区、包装区、贮存区、拆解处理区、通道和露天区域、深加工区域等覆盖从废弃电器电子产品入厂到拆解产物出厂的全过程的视频图像。

2）具备点位搜索功能。能够实现视频资源在多种筛选条件下的快速搜索，并在电子地图上展示搜索结果。筛选条件主要包含两种方式：通过业务能力、场所、设备等属性条件筛选；通过别名、场所、地址等对象的关键字来进行快速检索。对查询到的点位对象进行资源详情查看，支持点位收藏或者导出。

2. 视频联网汇聚

视频联网是视频审核的基础，部、省、企业三级平台严格遵循《公共安全视频监控联网系统信息传输、交换、控制技术要求》（GB/T 28181—2016）的要求，通过平台级联的方式实现视频联网，实现处置企业视频资源联网汇聚和集中展示。视频联网技术架构如图 8.8 所示：

为了实现视频联网，首先，需要打通三级平台之间的网络链路，固管中心到企业之间的网络带宽不低于 150 M（推荐），可根据视频规模按需增减。其次，通过视频网闸、防火墙等手段保障网络系统安全。最后，通过平台提供的控制信令服务和媒体服务实现视频联网汇聚，控制信令支持双向传输；视频流通过媒体服务来控制，由下级平台单向传输到上级平台。

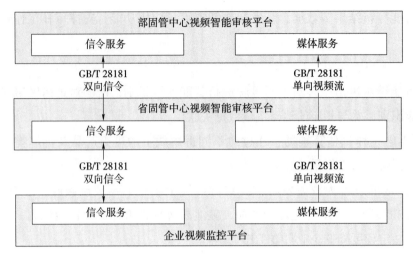

图 8.8　视频联网技术架构

处理企业联网接入的视频范围包括企业出入口、计量设备、货物装卸区、包装区、贮存区、拆解处理区、通道和露天区域、深加工区域等覆盖从废弃电器电子产品入厂到拆解产物出厂的全过程。

企业负责升级改造自身的视频监控平台，一是使其满足《关于组织开展废弃电器电子产品拆解处理情况审核工作的通知》中"废弃电器电子产品处理企业视频监控系统及数据信息管理系统建设要求"，能够与固管中心的视频智能审核平台联网；二是构建智能分析配套的软硬件，辅助支撑企业自查业务工作高效开展。

3. 算法使用管理

为了规范上层不同业务系统（或单位）的使用算法，平台提供了申请中心、编排中心、运行中心、管理中心等模块，介绍如下：

（1）算法超市

平台应提供算法能力超市，以便用户查看平台提供的智能算法及其能力情况，即支持按废电视机、废冰箱、废空调、废计算机掉拆解等场景进行算法卡片排列，可在卡片中查看算法的名称、图片、成熟度、适用场所等简要信息；支持算法查询检索（算法名称、创建人、创建时间、厂商、分析类型、目标类型、芯片类型、适配端、场所、行业）、最新算法排序、最热门算法排序等功能；支持算法详情查看，包括算法的基本信息（算法名称、算法版本、算法功能描述、模型详情、芯片类型、目标类型、分析类型、分析源类型、来源厂商、算法包类型、适配端、算力、行业分类、场所分类、免责声明）、算法效果演示，以及算法的适用场景、算法分析类型、适用环境、算法评价等方面。

（2）申请中心

面向用户提供统一的能力申请创建、管理、提交功能，用户可以结合自身的业务需求，选择相应的资源、服务，创建相应能力申请，从而获取到相应的资源、服务能力。申请中心提供智能分析申请、视频资源申请、视频申请管理 3 个模块。

1）智能分析申请

用户可以结合自身业务需求，基于平台现有的算法和视频资源，提交智能分析申请，平台可以基于申请开展相关智能分析工作。平台提供智能申请列表，用户可以查看最近所申请过的智能申请，也可以查看申请当前的处理状态，还可以创建新的智能申请，说明申请的算法、初步的视频点位、服务质量要求、联系方式、推送方式等内容，为后续的智能分析工作开展提供输入。提供智能分析申请的管理功能，用户可以查看自己创建、提交的智能分析申请，并可以对未提交的申请进行编辑和删除，申请在提交之后就只能进行详情查看。智能分析申请在提交之后，可以进行申请的详情查看，包括申请单当前被处理的情况和进展，同时也能查看申请单的基本内容信息。

2）视频资源申请

用户可以结合自身业务需求，在平台进行相应视频点位资源的查询和获取，并可以向平台提交相应视频资源的使用申请，需说明申请的资源对象、权限细节、使用用途、具体使用方式、联系方式等信息。具体的视频资源申请流程可以结合本地业务情况来进行设计和实现。

3）视频申请管理

为用户提供视频资源申请的查看、审批的能力，集中展示各委、办、局人员提交的视频资源的申请，可以对申请的详细情况进行了解，并对申请进行处理，可以直接审批、退回，只有审批通过的申请，视频点位资源才能被相应用户进行访问和使用。

（3）算法管理中心

基于不同业务系统的智能分析需求，平台提供编排中心，由编排人员开展点位算法编排工作，合理的利用点位和算法资源进行编排配置，高效的利用有限的智能分析资源。

1）场景治理清单

对于各类视频点位资源和智能分析算法，需要由人工进行场景、算法、规则等内容的配置后，设备才能智能地开展视频分析工作，输出想要的智能结果，所以场景配置是赋能十分重要的基础工作。考虑到场景治理的工作量较大，平台应提供场景治理清单模块，可以让多人同时参与到场景治理工作中。

2）场景配置工作台

配置人员可以查看到属于自己的工单，并可以对具体的工单开展场景配置工作，对每个点位进行相应的配置并保存，会自动计算当前的完成情况，表示已经完成配置的点位对象，方便配置人员高效开展配置工作。对于点位无法配置的情况，则需要对点位设定相应情况和理由，系统会自动对该点位标定为异常点位。

3）智能分析编排

基于用户的智能分析申请，可以构建相应的编排清单，编排清单是可以下发的智能分析任务清单。

①清单列表：提供基于智能分析申请的编排清单管理功能，一个智能分析申请就对应一个编排清单，可以查看编排清单的基本信息，包括申请单编号、关联算法、编排点位数、申请人、创建时间、有效期、状态等内容，可以进行编排和任务下发等操作。

②清单详情：在清单详情中，可以参考编排清单的详情，包括编排清单的基本信息、设备点位信息。在清单详情中可以对视频点位进行调整，新增或者删除点位，也可以从外部导入点位，可以对具体点位进行算法配置、推送配置、巡航路径编排等操作。

③算法配置：可以对点位的算法规则细节进行配置调整，对默认的算法配置进行自定义调整，包括分析时段、抓拍间隔、可接受延迟、每次抓拍次数、具体执行周期、调度优先级等内容进行自定义。

（4）研判中心

为了确保智能分析结果的准确性，需要将对平台产生的各类智能事件汇聚到研判中心进行集中处理，提供事件真伪研判、推送分发、查询统计等能力，是对外赋能的关键环节。

1）告警研判

平台应提供告警研判处理的工作台，可以按最新上报事件一个一个处理，核验操作包括正报、误报，必须选择一个意见，然后才能进行下一条核验，如果选择正报，则推送功能可用，事件如果需要推送则单击推送按钮，系统会将事件推送出去，并自动跳转下一条事件。

支持以事件类型为分类，汇总各种类型事件当前需核验的总数，然后从高到低进行排列，选择某事件类型后，可以逐个进行核验。

支持将重复事件进行合并，用户只需要核验最新一条事件，即可自动将前面重复的事件进行相同核验处理，如果需要推送事件则只推送最新的这条事件即可，以减少核验人员的工作量。

2）事件检索

提供智能事件的查询检索能力，为平台的事件检索、事件回溯、配置优化等提供数据支撑。提供统一的智能事件的查看页面，以列表或者缩略图的方式进行展示，支持事件以事件类型、事件地点、时间等维度进行检索快速定位。提供待核实、全部、误报 3 种分类方式，并展示相关分类下面当前总体事件数量，可以在相应分类下面进行查看、检索。对待核实中的事件，可以进行核实和误报处置，如果单击核实，则弹出提示确认是否需要推送，可以选择推送和不推送。

3）事件统计

面向运维人员、管理人员，提供智能事件的统计和分析，为平台的日常管理、配置优化、算法升级等提供数据支撑，主要包括智能事件、算法事件、点位事件、任务事件等统计分析，具体统计功能可结合项目用户需求进行灵活设计和定制开发。

（5）运行中心

运行中心为运营人员提供运行监控、运行统计、运行报告生成，是辅助用户掌握平台运行情况的功能模块。

1）运行监控

提供运行概览能力，帮助运维人员及管理人员了解平台整体运行情况，包括点位资源情况、任务执行情况、算力运行情况、算法使用情况、智能分析情况、事件输出情况、分析异常情况等。

①点位资源情况：平台点位总数、已治理总数、已编排总数、在线总数、不在线总数等情况展示；对于已编排的点位，用饼状图展示在离线数量。

②任务执行情况：展示当前任务总数，并以饼状图呈现正在执行的任务总数、停止的任务总数。

③算力运行情况：展示 GPU 卡总数和当前在运行的 GPU 卡数、空闲的 GPU 卡数，可以以饼状图呈现已预分配的 GPU 卡数和未预分配的 GPU 卡数。

④算法使用情况：当前所有任务中，在算法编排过程中用到各类算法次数，从高到低进行排序展示，采用横向柱状图的方式进行展示。

⑤分析异常情况：以时间为维度，统计一段时间内所分析的图片任务总张数，可以分别展示成功和异常的任务总张数；可以统计一段时间内，平台所分析的视频总时长。

⑥事件输出情况：展示当前最新输出的 10 条事件，并统计今日事件的总数，可

以饼图的方式展示今日各类事件的数量分布；呈现今日产生并需核验的事件总数，以饼状图呈现已核验和待核验的事件数量；可以呈现今日已核验事件总数，并分别展示正确和误报的数量情况。

2）运行统计

运行统计将平台运行的数据进行分类统计，主要包含视频共享统计、算法调度统计、数据资源使用统计、事件推送统计等。

①视频共享统计：统计视频点位共享使用的数量，支持按照组织机构统计视频资源共享数量和调用次数；

②算法调度统计：统计算法仓库中每个算法所使用的调度次数，支持统计每个所使用的算法调度次数；

③数据资源使用统计：统计数据资源的调用次数，支持统计每个应用所使用的数据资源的调用次数；

④事件推送统计：统计每个应用推送的事件总数统计，可按天、周、月分类统计，支持汇总到组织机构的维度，统计出每个组织机构接收的整体事件情况。

3）运行报告生成

提供整体运行报告自动生成功能，方便进行平台运行工作汇报，可以按天灵活进行统计输出。输出内容包括运行概述、数据分析两大块内容。

①运行概述

可以自定义模板，结合平台运行的整体情况，自动生成一段运行概述文字。

②数据分析

数据分析包括检出数量分布、事件类型统计、热点算法事件、预警研判情况、事件推送情况等内容统计，示例如下。

a.事件分布情况：按天统计每日事件总数，以折线图的方式进行呈现，展示整体事件产生的趋势情况。

b.事件类型统计：通过算法事件类型分类统计各类事件的总数，以饼状图的方式进行呈现，体现各类算法事件类型的占比情况。

c.热点算法事件：在当前所有智能任务中，以算法事件类型为维度，统计出各类算法事件类型被使用的次数、正报率等情况，由次数从高到低进行排序展示。

d.预警研判情况：以算法事件类型为维度，统计该时间范围内各类事件的产生和核验的数量情况。

e.事件推送情况：以事件推送为维度，统计出该时间范围内被推送的事件总数，并按天的方式分别统计，取排名前四的事件，剩余事件类型则合并为其他，基于折线图的方式呈现出各委、办、局事件的推送变化趋势情况。

4. 智能分析能力

（1）企业视频要求

为了能满足智能分析，企业不同部位的视频图像质量要求如下：

1）厂区进出口和地磅出的监控画面中的车牌号码清晰可辨识，应满足车牌识别要求。

2）货物装卸区、计量设备监控点位、包装区域、贮存区域及进出口等关键点位视频画面中的人脸清晰可辨识，满足人脸识别或 OCR 识别要求。

3）上料口、投料口、关键产物拆解处理工位的视频画面不低于 1 080 P，实时和历史视频帧率不低于 24 帧 / 秒（fps），无遮挡。废弃产品在视频画面中清晰可辨识，其像素大小不低于 100×80；关键拆解物在视频画面中清晰可辨识，其像素大小不低于 30×20。夜晚应增加补光灯，实现彩色录像，废品及拆解物清晰可辨识，满足智能识别的要求。

4）中控室、视频录像保存区，以及数据信息管理系统信息采集工位图像清晰，满足人脸识别要求。

（2）算法仓库

算法仓库是平台的核心，具备智能算法全生命周期管理功能，包括算法的导入、管理、封装、发布、存储等能力，支撑用户灵活的算法管理、使用需求。算法仓库是一个开放的体系，除了内置在里面的算法外，还支持导入满足标准规范的第三方的算法包，算法仓库中算法的丰富多样，是挖掘视频蕴含价值的关键点。算法仓库主要具备以下方面功能：

1）具备算法统一管理功能。即提供算法管理展示功能，以列表、分页的方式展示当前算法仓库中已有的算法内容，也可以通过算法名称、来源厂商等方式快速过滤查询相应算法对象，提供算法上传、算法详情查看、算法删除等功能操作。提供算法包的上传功能，用户可以上传新的算法包，可以对算法包进行传输并查看上传进度，上传成功后可以自动对算法包进行文件校验和解析，提取出算法包的基本信息（算法名称、算法版本、算法功能、芯片类型、目标类型、分析类型、分析源类型、分析源规格、来源厂商、运行设备端等）进行自动保存。

2）具备算法封装功能。即提供算法模型的打包封装服务，将算法模型按统一的标准进行形式化描述并打包，形成规范的算法包模型，然后可以上传到算法仓库，由算法仓库来集中进行管理、调度和使用。形式描述包括描述参数、运行参数和基础参数 3 类，描述参数包括描述算法的应用场景、适用条件、算法的示例分析图片等信息，主要用于展示给外部用户查看；运行参数是执行的关键内容，包括运行环境、授权信息、模型映射信息（AI 训练算法独有）、算法能力等；基础参数包括算法基础信息，包括名称、代号、版本、标识、位宽、形态（AIOP 算法模型、HEOP APP、第三方算法系统等）、MD5 等内容。

3）具备算法能力管理发布功能。即提供算法的详情查看能力，管理人员可以查看指定算法的基本信息和 AI 能力内容，包括算法名称、算法版本、算法功能、芯片类型、目标类型、分析类型、分析源类型、分析源规格、来源厂商、运行设备端等内容。支持多个子算法组合构成算法包，并支持子算法的查看和查询能力，包括 AI 能力的名称、功能描述、应用条件、目标类型、所属行业、算法标签、上架状态等内容；支持 AI 能力上架和下架操作；支持算法 AI 能力规则和标签配置，包括 AI 能力的调度优先级、可接受延迟、推进抓拍间隔、每次抓拍张数、推荐分析时段等内容。

4）具备第三方外部算法接入功能。应支持通过定义标准通用的算法包接口规范，实现第三方外部算法统一纳管和即插即用，以屏蔽不同厂家算法之间的接口差异。被纳管的外部算法应支持检测算法和比对算法功能，应按照以下体系标准进行算法适配和封装，以便后续导入算法仓库进行统一管理和调度。

①运行环境规范：算法包的运行按统一的基础环境运行，所以算法包的封装、编译、测试均应按统一的运行环境开展。

②算法包封装规范：算法包成果物封装格式需要按照特定的模式进行打包，只有符合规范的算法包才能被算法仓库识别和管理。

③输入规则描述规范：对于事件报警类型的算法，应支持通过自定义规则描述文件来定义各类规则参数的格式，具体格式需包含但不限于：场景编号、场景描述、详细说明、事件类型、规则事件描述、事件详细说明、参数描述等。

④结果输出规范：对于事件报警类型的算法，应具备统一的输出格式，包括矩形框坐标、事件类型、编号、事件名称、补充说明等内容。

（3）算法开发

利用深度学习、人工智能、图像模式识别、OCR 等技术，借助 AI 开放平台等工具，结合审核和企业自查等业务需求，开发以下实用型智能算法，实现 AI 赋能，提升工作效率。

1）废弃品计数类算法

废弃品计数类算法模型通过图像视频和人工智能技术，对上料口的废电视机 -1、废电视机 -2、废冰箱、废洗衣机 -1、废洗衣机 -2、废空调、废计算机等待拆解的废弃品进行智能计数。

2）关键部件识别类算法

关键部件识别类算法模型通过图像视频和人工智能技术，对拆解过程出现的废电视 CRT、废电视电路板、废电视喇叭、废电视荧光灯管、废冰箱压缩机等关键部件进行智能识别和计算。

详细拆解部件参见《废弃电器电子产品规范拆解处理作业及生产管理指南（2015 年版）》附 1 主要拆解产物清单（规范性附录）。

3）拆解行为规范性类检查

对废品拆解过程出现的甩打锤、CRT 玻璃破碎、荧光灯管破碎、氟泄漏、荧光粉收集不干净等进行智能检测告警。

（4）视频智能分析

平台应支持云、边、端 3 种分析模式，并支持边端算法一体化算法管理和智能解析。视频智能分析如图 8.9 所示：

图 8.9　视频智能分析

其中，云分析模式主要依赖于 GPU 服务器对视频或图像进行智能解析，边分析模式依赖 AI 超脑对视频图像进行解析，端分析模式依赖于内置 GPU 芯片的 AI 摄像机进行分析。

部署方面，云模式主要是在部或省级的固管中心，边和端分析模式主要部署在处理企业。

监控设备利旧方面，云和边分析模式应对最大限度利用已建视频监控；端分析模式主要针对新建视频监控点位。

网络带宽要求方面，云分析模式需要将视频回传，需要消耗较大网络带宽，单路 H264 编码格式的 1 080 P 高清视频，至少需要 4 M 码流（不计算网络损耗）。边分析模式和端分析模式是前置分析，不需要回传视频，在处理企业或摄像机上分析，仅回传智能分析的结果，对网络带宽消耗较少。

平台应支持云边端一体化管理，即能对云、边、端 3 种分析模式中的算法模型进行管理、调度，实现云边端资源充分利用。

5. 视频云存储能力

基于流式存储资源池构建统一的视频云存储，用于企业抽查视频录像。

6. 运维管理能力

面向用于提供平台运维管理能力，支持对系统的运行进行管理维护，保障系统平稳、可靠、稳定的运转，包括系统管理、运行管理和视频运维 3 大功能模块。

（1）系统管理

1）提供平台基础管理配置能力，便于管理人员高效开展管理、维护工作。提供资源目录管理，包括基础目录树及自定义的业务目录树；提供用户管理，可以新建、删除、启用或禁用用户；提供部门管理，用户被分配在"部门"下，每个用户仅属于一个部门；提供角色管理，支持针对系统应用进行角色权限控制，菜单权限控制用户可使用的平台应用内容，而资源权限控制用户可查看的资源内容。

2）支持视频水印配置和页面水印配置。水印内容可包含用户名、IP 地址、MAC 地址。视频水印是保障视频资源被安全的使用的一种技术手段。

3）支持网域管理。在一些场合下，应用系统拥有多个网络链路（多网域），为了明确系统间服务调用的路由关系，需要配置网域信息，网域管理模块用来配置网域信息，包括网域名称、网域编号和相关描述。添加完网域后，可以对每个注册的应用配置在该网域下的 IP 地址。

4）支持日志管理。支持对用户的操作、配置等有关动作进行日志记录，保证系统操作使用有记录可循。可按需对平台中各个管理模块的日志进行查询、导出等操作，并可按照业务日志、系统日志进行全部或分类查询。

（2）运行管理

运行管理模块对平台组件进行运行监控与问题排查，可提供自动化指标检测和告警、批量集中部署配置、高效问题定位等能力，帮助运维人员及时发现和解决问题，提高交付和运维效率，为整体平台提供有力的后台保障。

1）整体情况。提供了整个系统的健康状况概览，支持在首页全局性地查看各服务器和组件的健康状况，当系统有异常，告警时，支持通过单击发生异常的组件 / 服务器，快捷跳转到组件 / 服务器状态监控页面。

2）状态监控。图形化展示服务器、组件运行拓扑、运行状态，并展示告警与状态统计；支持投放大屏展示当前服务器、组件运行状态；支持根据系统当前实际运行状态，通过评分量化系统运行情况；支持统计服务器在线率及各服务在线详情；支持统计系统最近 7 天每日告警数；支持统计系统最近 7 天每日的用户活跃数。

3）告警处理。提供了告警展示、查询、处理、策略配置功能，实现了对告警的全生命周期管理。支持针对所管理的服务器、组件和服务的运行状态进行监控，如果有异常则会产生告警。支持查看各服务器、组件及服务的监控详情（服务器信息、服务器监控指标、关键进程）、告警详情（支持告警数据导出）以及维护记录（信息包括时间、用户、操作、结果及终端地址），支持查看有未处理告警的资源，支持模糊搜索。

4）系统维护。支持进行平台安装部署操作，包括软件安装包、资源包、补丁包的安装与管理。分类显示已安装的组件及其版本，支持手动卸载、升级和回滚。支持安装补丁，支持一台服务器上批量安装多个补丁，且可还原最近一次安装的补丁。支持服务参数、客户端参数、告警策略、校时、多线路和防火墙策略进行配置，并支持配置下发。支持设置自动备份策略，定时对数据进行全量备份，支持针对备份文件进行删除、还原操作。

5）日志分析。支持查看对应服务器、组件和服务的系统日志信息；支持查看操作日志及系统日志中的调用链，以了解一次业务操作涉及的所有组件之间的调用关系，以及这些组件的异常状况及其相关日志，快速定位异常问题的原因。

（3）视频运维

支持可视化展示系统设备运行情况，支持展示所选区域下监控点总数、监控点在线率、图像正常率、录像完整率等数据概况，同时支持可视化展示所选区域及其子区域的资源运行情况，包括监控点在线率、图像正常率、录像完整、编码设备在线率等。支持可视化展示近 24 h、近 1 周、近 1 个月内所选区域下监控点在线率及图像正常率数据，视频异常项及图像异常项数据等。

1）具备一键运维功能。系统支持针对系统状态进行一键运维，通过得分及异常状态数据直观展示系统健康程度。系统支持针对所选区域下的监控点状态、录像巡检状态、视频诊断状态及点播状态进行一键巡检，并展示异常状态及在线状态数据，同时支持巡检数据导出，支持依照所选区域及其子区域的巡检得分排名。

2）具备视频质量诊断功能。支持常见摄像机故障的分析、判断和报警功能，检测内容包括信号丢失、图像模糊、对比度、图像过亮、图像偏色、噪声干扰、条纹干扰、视频抖动、视频遮挡等 14 种常见摄像机故障。

3）具备录像检查功能。系统支持针对本级点位进行录像检查，并支持按照巡检结果、录像日期、监控点名称、IP 地址、设备名称、存储类型开展查询应用，以及根据监控点总数、录像完整数、录像丢失数、巡检失败数进行数据统计。

7. 视频数据治理

全国处理企业的大量已建视频资源，因承接单位、承接时间等不同，存在命名不规范、属性信息不完整、缺少空间位置信息等问题，制约视频点位智能分析应用。因此，需要对其进行统一治理，才能更准确、可靠地支撑智能分析应用构建。视频数据治理包括基础属性治理、场所类型治理和治理任务管理，主要介绍如下：

（1）基础属性治理

1）设备别名治理。系统提供规范化的监控点命名规则，可通过监控点治理工具按照命名规范将设备添加别名，便于后续对监控点进行快速、便捷以及符合实战应用的查询，找到符合要求的设备。

2）空间信息治理。经纬度是设备时空信息中最关键的属性，关系到其他属性治理的准确性以及抓拍数据的准确性。在经纬度修正之前，系统支持设定规则检测异常经纬度，包含缺失规则、无效规则、漂移规则。对于经纬度异常的点位，系统支持通过远程勘点和现场勘点方式修正设备经纬度，并标记可信、存疑、无法勘测3种修正结果。

3）地名治理。地名是点位所在场所的地名，如某点位名称为"××企业A出口"。地名库的主要字段包括场所编码、地名、行政区划编码、标准地址、面数据、数据来源等。

4）室内外治理。根据设备抓拍到的图片或者获取的视频进行判断设备是属于"室内"还是"室外"。

5）设备时间差检测。因为存在设备时间和校时服务器的时间不一致的情况，所以需要对设备的时间进行治理。目前的治理策略是通过时间差检测工具计算出设备的时间和校时服务器的时间差。

6）设备像素获取。考虑到需要"高质量的设备"，从而让抓拍图片或者视频能够更准确地进行智能分析检测。所以需要在各种像素的点位中获取像素高的点位来辅助实现上述功能。

（2）场所类型治理

监控点设备在建设时通常无场所分类的数据，不利于用户从业务角度快速查询监控点点位。根据业务需求特点，系统支持通过导入规范化场所分类标准，支持标定监控点场所类型，便于用户按场所类型、快速定位所需类型的点位。

系统支持通过自动和人工方式标定场所类型。自动标定方式包括通过场所分类词库与点位名称、所在组织路径、别名等字段进行正则匹配，实现场所类型标定。自动标定方式中支持对应点位关键词库管理、词库任务管理；人工方式标定包括对单个点位手动标定场所分类，或通过输入正则表达式查看符合正则规则的设备并为其标定场所类型，或根据应用需求绘制场所数据面、将落在数据面中的所有设备批量标定场所类型。

针对已经标定的场所分类，系统支持按资源树审核场所类型标定是否正确，支持查看还未标定任何场所类型的设备，实现手动进行结果确认。

（3）治理任务管理

用户可以建立设备治理清单并导入设备数据，可通过"按资源树选择""按地图选择""导入"3 种方式将点位添加至治理清单，点位治理清单构建好后即可开展点位治理任务。本方案主要通过网络级联的方式获取视频点位资源，然后导入点位治理系统进行治理。点位信息的治理包括经纬度、地名、场所类型等内容，通过构建治理任务，对点位进行单个或批量治理。支持多人同时开展治理工作，提高治理的效率。

第9章
尾矿库信息化管理系统

9.1 尾矿信息系统概述

9.1.1 尾矿信息系统设计背景

2020年9月1日，新修订的《固废法》正式实施。新修订的《固废法》区别于之前《固废法》的突出特征之一，是对固体废物信息化管理工作提出了多项明确的要求，其中第十六条提出"国务院生态环境主管部门应当会同国务院有关部门建立全国危险废物等固体废物污染环境防治信息平台，推进固体废物收集、转移、处置等全过程监控和信息化追溯"，这是落实党中央提出的推进国家治理体系和治理能力现代化的必然之举。

在我国一般的工业固体废物中，尾矿每年的产生量和贮存量最大。习近平总书记在深入推动长江经济带发展座谈会上的讲话中指出，嘉陵江上游布局了大量采矿冶炼企业，形成了200余座尾矿库，给沿江生态带来巨大威胁，嘉陵江上中游一些城市城区及沿江城镇几十万人口饮用水频频受到威胁。因此，摸清尾矿库底数，动态掌握尾矿库变化情况，强化尾矿全过程环境监管，建设尾矿环境管理信息化体系势在必行。

9.1.2 管理系统设计的主要目标及内容

依据科学性和先进性原则，以信息化手段推动生态环境治理和保护，基于尾矿管理需求构建全国尾矿环境综合监管平台，利用信息化手段健全完善尾矿库安全风险责任体系，通过采集全国尾矿库的数据建立尾矿库档案库，结合监测、监管、执法加强尾矿库的协同监管，运用大数据、物联网、人工智能等技术实现尾矿环境管理体系的建立与完善，提升尾矿库日常环境监管能力，遏制非不可抗力的环境风险事件。

全国尾矿环境管理信息系统填报端口分为PC端和移动端。信息系统内容主要包括尾矿环境信息动态采集更新平台、尾矿库分级分类监管平台、污染隐患排查平台、尾矿环境数据资源库以及其他功能（图 9.1），其中 PC 端尾矿环境信息动态采集更新平台已实现并开展试用。

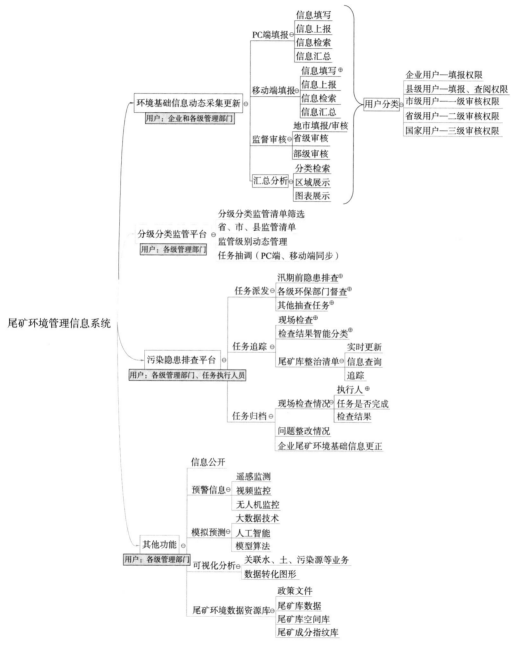

图 9.1 尾矿库环境管理信息系统设计框架

9.1.3 管理系统总体设计思路

1. 设计原则

（1）标准化原则。在系统设计过程应遵循通用的标准和协议，如 J2EE 标准、SSL 安全协议、LDAP 简单目录访问协议等，遵循行业的标准或建议，采用主流的、标准的、开放性的技术提供应用支撑服务，包括数据交换元数据 CWM 标准及业务流程建模规范 BPMN 标准规范。

（2）开放性原则。业务的各种接口在遵循规范性原则的基础上，系统架构采用模块化设计，实现数据与业务应用的隔离，各个功能模块应该相对独立，可以方便地与外围系统进行数据交换，支持可拆卸和替换。

（3）先进性原则。为了使信息化系统具有较强的生命力，以满足未来业务快速发展的需求，系统的设计和开发将会采用行业中先进的软件技术、标准、中间件和数据库产品。综合采用分布式技术、NoSQL 技术、消息组件等构建适合面向互联网应用支撑的技术架构。

（4）可扩展性原则。信息系统具备良好的扩展性，采用模块化设计方式，采用分布式部署、松散耦合和面向服务的技术架构，以便更好地支撑激增的数据及业务处理，实现性能随需可扩展。

（5）可维护性原则。为了方便计算机系统维护和管理人员的使用，信息系统采用简单、直观的图形化界面，通过图形化的操作、管理界面，维护人员可以轻松地完成对整个系统的配置、管理。

（6）松耦合原则。第一，面向接口实现。这是服务松耦合的基本要求，即每一个服务都按接口的定义进行实现。服务的消费方不需要依赖某个特定的服务实现，避免服务提供方的内部变更影响消费方。另外，在服务提供方切换到其他系统时，不影响服务消费方的正常运行。第二，异步事件解耦。服务间的事件通信采用异步消息队列来实现。由于有消息队列这个中介，因此生产者和消费者不必在同一时间都保持实时处理能力，而且消费生产者也不需要马上等到回复。第三，服务提供者位置解耦。服务消费者不需要直接了解服务提供者的具体位置信息，如 IP 地址、端口。典型解决方法是服务注册中心，服务提供者启动时将自己注册到服务注册中心，服务消费者通过服务注册中心查找具体服务提供者来访问。同时，服务注册中心可以提供负载均衡及 fail-over 的能力。第四，版本松耦合。消费端不需要依赖服务契约的某个特定版本来工作，这就要求服务契约在升级时尽可能提供向下兼容性。

2. 技术架构

采用微服务架构搭建全国尾矿信息化监管平台总体架构，微服务支撑体系以"支撑云应用的快速构建及持续交付"为目标，通过微服务建构及相关技术提高应用的灵活与快速交付，基于微服务架构提供完整的面相业务应用的开发环境，通过微服务组件及相关开发工具快速构建面相多种领域的业务应用，提升应用的灵活性，可快速地应对前端应用及业务需求的变化。

微服务包含 4 方面含义。第一，微服务是一系列的独立的服务共同组成系统，系统之间低耦合，服务可以跨业务领域；第二，服务单独部署，并且服务可集群部署，从而提高性能及工作效率；第三，每个服务独立的业务开发，服务之间面向接口，面向协议；第四，分布式的管理，每个服务承担本服务的工作，大型业务可以拆分成多个服务共同完成。

3. 关键技术

（1）主要技术线路

项目的开发采用主流技术路线，采用基于 SOA 面向服务的体系结构和 B/S（Browser/Server，浏览器 / 服务器）结构。项目技术路线可采用当前信息化通用主流技术，包括 Web Services 技术、XML（eXtensible Markup Language）技术、B/S 结构、组件式开发、基于 ETL 过程实现数据有效整合等。

利用 Web Services 技术为系统和数据的集成提供有效手段，Web Services 集成各种应用的方法是有效标准化的，具有较好的通用性和兼容性，同时面向对象和 XML 等相关技术的采用，使得 Web Services 具有更好的跨平台性，可以更好地满足集成的要求。

（2）基于 B/S 结构

用户界面完全通过 WWW 浏览器实现，一部分事务逻辑在前端实现，但是主要事务逻辑在服务器端实现，形成所谓三层体系结构。B/S 结构利用不断成熟和普及的浏览器技术实现原来需要复杂专用软件才能实现的强大功能，主要特点是分布性强、维护方便、开发简单且共享性强、总体拥有成本低。

软件系统的改进和升级越来越频繁，B/S 结构的产品明显体现出更方便的特性。无论系统的用户规模有多大，有多少下级环保部门都不会增加任何维护升级的工作量，所有的操作只需要针对服务器进行，如果是不同地点只需要把服务器连接上网即可立即进行维护和升级，这对人力、时间、费用的节省相当惊人。

（3）微服务技术

为了解决管理模式的不断变化、业务需求的不断变化，项目选择微服务技术是最符合项目整体建设需求的，通过微服务技术可将核心业务能力沉淀成业务服务，以服务的形式为前端应用提供支撑。在当前的技术环境下，采用 REST 风格的同步 API、消息队列异步通信作为标准的服务接口技术，采用服务框架（如 Spring Cloud 等）、API 网关、APM 等作为标准的服务治理和敏捷研发技术是最合适的选择。不再建议采用传统的基于 ESB 的服务化（SOA）技术，因为 ESB 产品过多地介入业务逻辑，导致前台业务的变更往往需要中台团队的配合才能完成，这样就失去了建设好中台，支撑前台高效创新的意义。此外，中心化的 ESB 软件和复杂的基于 XML 的 WS-xxx 等协议也影响系统的可用性和性能。

（4）DevOps 技术

项目运用 DevOps 技术实现各微服务的自助式部署更新，充分发挥微服务的敏捷性特性，提升服务研发效率，避免因为服务数量的增加导致研发效率下降，因此持续集成、持续发布等 DevOps 技术一般是实现微服务的必备。

（5）大数据技术

项目运用大数据技术分析、挖掘数据之间的关联关系，通过大数据技术对全国尾矿环境数据进行综合分析，实现对全国尾矿环境的综合分析，利用大数据技术挖掘潜在的数据关联与问题点，为管理者的宏观决策提供数据的"养、管、用"的信息化手段。

（6）AI 技术

AI 技术是一项新兴的技术领域，其自身也在不断的完善和发展之中，尽管当前人工智能技术的应用还很有限，但其广阔的发展前景是显而易见的。在我国日益重视环境保护的背景下，人工智能技术的出现和应用使得环保领域又增添了新的活力，成为环保工作的强大技术保证，尤其是在生产控制和环保自动化方面，更成为未来环保和环评的重要发展趋势。

项目可运用 AI 技术对着重点尾矿库的前端视频数据进行智能识别，通过图像识别技术发现、获取尾矿库异常视频信息，利用 AI 技术实现对异常图像数据的智能分析与报警，为全国尾矿库的综合管理提供信息化监管手段。

9.2　尾矿信息动态采集更新平台

建立全国尾矿信息动态填报系统，实现全国尾矿信息的智能填报，基于尾矿信息的日常管理实现尾矿信息从数据的采集、上报、检索、汇总等全过程信息的填报与跟踪，并根据不同的用户权限开放不同的填报与审核权限，实现全过程尾矿信息的动态更新。

9.2.1　信息填报及上报

通过平台企业用户、地市用户可对尾矿信息进行智能填报，依照尾矿管理要求为填报用户提供标准的信息填报表单，填报用户根据实际情况填报尾矿相关信息。

用户按照平台要求填报相关尾矿信息后，可实现暂存，在暂存状况填报用户可实现对填报信息的复查与修改，确定无误后，填报用户可将填报的信息进行上报，上报后无法进行信息修改。

9.2.2　信息审核

结合全国尾矿业务特点，制定三级审核流程，分别为地市级管理部门审核、省级管理部门审核、部级审核，保证全国尾矿信息的准确与规范，提升尾矿数据质量以及应用能力。

1.地市级审核

企业用户上报尾矿信息后，根据系统工作流程自动流转至所述地市级管理账号进行一级审核，地市级管理用户根据实际情况对企业用户填报的信息进行规范化审核，根据审核结果进行通过和不通过操作，并根据审核结果给予批复意见，审核通过后，尾矿库上报信息流转至省级用户进行二级审核；审核不通过，直接退回企业用户进行信息完善与整改。

2.省级审核

省级管理用户对地市级管理用户审核通过的信息进行二级审核，审核通过，系统自动将上报信息流转至部级管理用户进行三级审核；审核不同意，将上报的尾矿信息退回至地市级审核账户内进行整改完善，同时，给予通过与不通过的批复意见。

3.国家级审核

部级管理用户对省级管理用户审核通过的信息进行三级审核，审核通过后，企业或地市级上报的尾矿信息进行归档留存，形成尾矿库档案库。审核未通过的退回省级用户进行信息整改，并给予退回意见。

9.2.3　信息汇总与分析

1.信息检索

各级用户可根据不同的权限实现对全国尾矿库信息的分类检索，根据全国尾矿库环境数据管理需求设计信息检索引擎，提升数据检索效率，支持精确检索和模糊检索，可快速检索用户所需的尾矿库信息，并且可通过多种形式进行展示。

2. 信息汇总

根据全国尾矿库的上报及审核状况进行综合分析，可根据不同的用户权限实现尾矿库信息的分类汇总，并依据尾矿库信息填报状态实现分类统计。可实时分析展示各级行政区域尾矿库的审核占比，结合尾矿库管理要求定期对审核率较低的省份及地市进行排名，提升各级管理部门工作效率，并通过图形、图表、表格等形式分析展示尾矿库审核全过程详情，可实现各类信息的获取与追溯。

基于 GIS 地图建立全国尾矿库一张图管理体系，通过 GIS 图可展示全国尾矿库信息的空间分布、矿种及等级、年限、环境敏感信息等，基于尾矿库的风险等级评估结果对所有尾矿库信息进行综合渲染，通过不同的颜色渲染不同的风险等级，可快速定位尾矿库点位信息，基于定位的尾矿库点位可查看所有尾矿库的详情信息，包括企业名称、责任人、矿种及风险等级，结合日常工作需求实现尾矿库各类信息的专题分析与展示。

3. 报表分析

基于尾矿库管理工作需求，提供多种全国尾矿库的统计分析报表，支持按区域、时间、类型、矿种、风险等级等方式进行数据检索，根据检索结果汇总成各类统计报表，支持报表的导出与打印。

9.3　尾矿库分级分类监管平台

建立尾矿库分级分类监管平台，通过多种途径对数据库内尾矿库进行环境监管。依据《尾矿库环境监管分级分类筛选技术规程（试行）》，采用定性分类以及定量分析相结合的方式，对每个尾矿库综合评分。根据评分结果，具体为一级环境监管尾矿库、二级环境监管尾矿库、三级环境监管尾矿库，分别形成国家级、省级、地市级分级分类监管清单。系统可通过筛选条件进行一级环境监管尾矿库、二级环境监管尾矿库、三级环境监管尾矿库进行筛选、任务抽调以及其他管理。此外，紧跟尾矿环境信息动态更新，开展尾矿库监管级别动态管理。平台具有以下功能：

（1）国家级和省级平台可实现对日常抽查信息的综合管理，可配置抽查管理机制，平台根据制定的抽查任务机制实现对抽查任务的生成与管理，并可根据抽查任务实现对抽查结果的汇总与分析。

（2）系统可对尾矿库周边的视频监控数据进行获取与展示，通过智能 AI 自动识别技术随时对尾矿库周边的环境违规信息进行预警与拍照，为尾矿库的环境执法检查提供违规证据，视频监控数据自动上传系统。

（3）系统支持对接无人机监控数据，系统可对无人机拍摄轨迹、拍摄数据、异常信息等数据进行空间展示，并结合尾矿库日常管理要求实现对尾矿库周边风险环境进行定期监控，基于GIS地图可对所有无人机航拍监控数据进行实时对比分析，并实现无人机监控数据的对比分析，为管理者提供信息化技术支撑服务。无人机监控数据定期上传系统。

（4）平台融合可卫星遥感技术，通过卫星遥感定期对全国尾矿库信息进行扫描分析，并对无主尾矿库进行排查，通过GIS地图实现对无主库的空间分析挖掘与比对。利用不同周期的卫星遥感数据监控尾矿库的风险变化，运用大数据技术实现卫星遥感与业务数据的协同分析，提升全国尾矿环境信息的综合监管能力。卫星遥感数据定期上传系统。

（5）根据采集的全国尾矿环境信息建立全国尾矿库档案库，并基于管理要求实现对全国尾矿库信息分级分类汇总和规范化管理，支持尾矿库信息的各类关联查询，可按类型、时间、状态、规模、矿种等维度进行数据检索，实现全国尾矿环境信息的统一管理与应用。

9.4　尾矿库污染隐患排查平台

建立尾矿库污染隐患排查平台，通过任务调度系统可实现汛期、日常尾矿库的污染隐患排查工作。运用工作流技术开展部、省、市三级尾矿库污染隐患排查任务调度，可实现尾矿库从任务的发布、现场信息采集、调度信息的反馈、任务的管理、任务总结等全流程信息填报，并结合不同的管理权限实现各类指挥调度，辅助督查人员的定期抽查工作。

9.4.1　任务抽查机制

建立任务抽查机制，基于管理要求以及日常工作需求，国家将存在风险隐患的尾矿库逐级分配反馈至监管部门进行抽查，根据抽查清单制定风险隐患排查任务，提供多种任务抽查机制，可根据实际任务检查需求建立任务抽查工作流程，实现对全国尾矿库污染隐患排查监管工作的信息化辅助，降低尾矿库发生环境风险事故的风险。

9.4.2　现场检查

现场检查人员根据污染隐患自查要点逐项对尾矿库进行信息检查，并结合实际情况获取尾矿库信息自查情况，通过平台可上报现场检查结果信息，根据考评规则智能对现场检查尾矿库进行考评分析，实现现场检查所有环节信息的采集与反馈，现场检查与尾矿库移动端应用数据实时同步，保证数据的真实性与准确性。

平台根据尾矿库现场检查情况智能分为责令整改类、行政处罚类、挂牌督办类等清单进行分类汇总，并提供多种查询与检索方式，可快速对不同类别的检查结果清单进行检索。现场检查结果与尾矿库移动端应用数据实时同步，支持下载与导出。

9.4.3 尾矿库整治清单

根据相关尾矿库检查要求，平台根据检查结果自动生成尾矿库整治清单，整治清单至少包括企业名称、尾矿库信息、经纬度、检查问题、处理方式、责任人等。

根据尾矿库整治清单对存在问题的尾矿库整改工作情况进行跟踪，根据责任单位定期填报整改进展，实时更新整治工作状态，并可支持特定尾矿库的查询与跟踪，实现整改情况的全过程跟踪。

9.4.4 任务归档

系统针对每次发布的检查任务，智能归档任务详情，包括执行人、现场检查结果、处置及整改情况以及任务完成情况报告，并以图形、表格等形式展示任务检查情况的分析与归类，支持按时间、任务类型、完成情况等条件进行检索。

9.5 尾矿库移动端应用

建立全国尾矿库移动端 App，通过移动端系统可实现尾矿库信息的填报、审核、检索、任务调度等工作，与平台端实时同步数据，简化工作人员工作环节以及环境，提高工作效率。

9.5.1 尾矿库相关数据填报

通过尾矿库移动端应用可实现企业用户 / 地市用户信息的填报，移动端应用提供简单智能的填报表单，填报信息与 PC 端平台数据实时同步，利用移动端特性随时随地可实现尾矿库相关数据的填报工作。

9.5.2 填报信息审核

尾矿库移动端应用支持填报信息审核流程，移动端应用与平台端公用一套填报审核流程，数据实时同步更新，保证数据的唯一性，通过填报审核功能可实现部、省、市三级审核工作。

9.5.3 信息检索

尾矿库移动端应用为用户提供多种方式的信息检索功能，支持按行政区域、尾矿库类别、风险级别进行全文检索，并提供图表、图形等多种检索方式。

9.5.4 任务调度

移动端应用系统支持任务调度机制，与 PC 端平台任务调度流程相同，数据同步共享，通过移动端应用的任务调度可实现汛期、日常尾矿库的风险隐患排查工作，支持部、省、市三级风险隐患排查任务调度工作，可实现尾矿库从任务的发布、现场信息采集、调度信息的反馈、任务的管理、任务总结等全流程信息填报，并结合不同的管理权限实现各类指挥调度，辅助稽查人员的定期抽查工作。

移动端应用平台支持任务调度的全过程应用，包括任务抽查、现场检查、检查结果定级、整治清单、处置跟踪等。

9.6 其他功能

9.6.1 尾矿环境数据资源库

在全国固体废物与化学品管理信息系统数据资源中心的基础上，完善尾矿环境数据资源库，实现全国尾矿环境数据的分类存储与集中管理，根据国家数据管理要求，对尾矿环境数据进行标准管理，严格控制尾矿环境数据质量，实现全国尾矿环境数据的集中汇聚，依托部平台实现尾矿业务的全国全方位管理。

尾矿环境数据资源库包括相关政策文件数据库、尾矿库数据库、尾矿库空间库、尾矿成分指纹库等。

9.6.2 预警机制

基于管理要求，制定尾矿库监管预警规则，系统根据制定的预警规则对存在异常或环境风险的尾矿库及企业进行动态预警，基于 GIS 地图渲染告警状态，动态汇总全国尾矿库预警信息清单，可定位及查看预警尾矿库信息，定期汇总预警清单，为执法工作提供科学的、合理的、准确的执法清单，提高高风险尾矿库现场执法的工作效率。

9.6.3　模拟预测分析

运用大数据技术、人工智能技术、模型算法等建立尾矿库的模拟预测分析，通过模拟预测分析可实现对尾矿库的变化情况进行分析，利用信息化技术手段模拟预测分析尾矿库相关指标的变化情况，并结合管理要求对尾矿库风险隐患范围进行模拟预测分析，基于模拟预测分析机制可对尾矿库影响的范围、要素、环境等信息进行关联模拟，提高风险事故的应急处置能力。

9.6.4　决策可视化

运用可视化技术汇总尾矿库综合概况，根据日常管理要求，展示各类相关重点关注指标，通过大数据技术关联水、土、污染源等业务属性，分析挖掘潜在的重点风险信息，利用可视化技术对分析结果进行可视化展示，将结构化数据展示位图形化数据，让管理者更加清晰、准确地了解全国尾矿库综合状况，为管理者的宏观决策提供信息辅助决策。

9.7　用户权限

平台用户主要包括企业用户、地市用户、省级用户以及国家级用户。企业用户具有尾矿库信息填报权限；地市用户具有一级审核权限以及尾矿库信息填报权限；省级用户具有二级审核和管理权限；部级用户具有终极审核及管理权限。

第 10 章

固体废物环境大数据管理

10.1　系统基本情况

10.1.1　系统建设背景

2015 年 7 月，环境保护部成立生态环境大数据建设领导小组，全面推动落实党中央、国务院关于大数据发展的新部署和新要求。

2016 年 1 月，环境保护部通过《生态环境大数据建设总体方案》（以下简称《方案》）。《方案》明确了生态环境大数据建设的指导思想和目标，强调要以改善环境质量为核心，实现生态环境综合决策科学化、监管精准化、公共服务便民化。

生态环境部固管中心组织建设完成"固体废物环境管理大数据分析应用系统"，主要通过采集和共享建设有毒有害物质基础数据库，建设开放的信息门户、网站、移动互联网应用，向全社会开放数据和分析成果。

10.1.2　系统建设目标

通过建设"有毒有害物质基础数据库""大数据基础数据库"和"模型分析预测系统"，向全社会开放数据和分析成果，为管理者提供宏观辅助决策。系统通过构建"固体废物环境大数据管理分析平台"，完成危废一张图、企业一张网的灵活应用、固体废物大数据分析模型、与其他业务系统信息共享关联查询等应用，为综合执法、决策支持、全程监控提供有利的技术支撑和服务支撑，进一步辅助国家生态环境大数据战略。通过固体废物大数据环境管理分析平台的建设目标如下：

（1）服务社会

建设国内外危险废物名录基础数据库体系，并向社会开放，实现数据共享。

（2）服务环境管理

依托基础数据进行深度挖掘分析、开展模型推演和预测，为宏观政策制定和设施、日常监督管理等提供数据支持和服务。

（3）服务风险防控

对有毒有害物质全过程进行动态监管，掌握其所在地理位置、运输路线、周边环境敏感目标、风险防控措施等情况。

10.1.3　系统功能概述

对现有固体废物产生源信息、危险废物转移信息、危险废物经营信息等数据的全面融合，通过对数据进行加工、清洗、补充和整合，结合 GIS 地理信息系统等技术手段，开发数据库查询、汇总、展示等功能，实现"全国固体废物管理数据一张图"。

国内外危险废物名录基础数据库的内容如下：

（1）国家危险废物名录基础数据库，包括危险废物类别、行业来源、危险废物代码、危险废物名称、危险特性分类等数据信息；

（2）国外危险废物名录管理基础数据库，包括美国、欧盟、日本等国家（地区）的危险废物管理名录基础数据；

（3）数据库具备数据分类检索、自定义查询和汇总、持续动态更新等功能。

建设 PC 端和移动端"固体废物一张图"应用系统，向相关管理部门开放随时访问的便捷服务：不同的用户可以在同一张地图上实现对固体废物产生情况、转移状态、利用处置企业（可区分自建设施和经营单位设施）能力和利用处置情况、周边环境敏感区域等信息的全面访问；具有按地区 / 片区、行业、种类分别呈现产生源、危险废物利用处置情况（月度、季度、半年度、年度）的数据分析汇总、图表展示等功能。在同一张地图上实现危险废物产生情况与利用处置情况对比，包括需求、利用处置能力、实际利用处置情况等数据对比和展示；实现在地图上按地区 / 片区、企业、废物类型、时间、数量、位置、利用处置方式等多种参数进行查询检索功能；在同一张地图上对固体废物、企业、环境监测、环境影响评价、环境应急、环境执法、排污许可、环境信用等数据进行多图层叠加展示以及关联分析查询。将污染源普查及相关系统研究建立的产废系数纳入产生源系统（包括已有的行业产废系数，同时对每家产废企业建立其自己的产废系数并按年更新，以及实现历史对比）。

10.2　系统主要功能模块

10.2.1　危废大数据一张图

1.危废名录库

（1）国内危废名录库

国内危废名录库如图 10.1 所示。

图 10.1　国内危废名录库

（2）国外危废名录库（美国、日本、欧盟）

国外一些国家及组织危废名录库如图 10.2～图 10.4 所示。

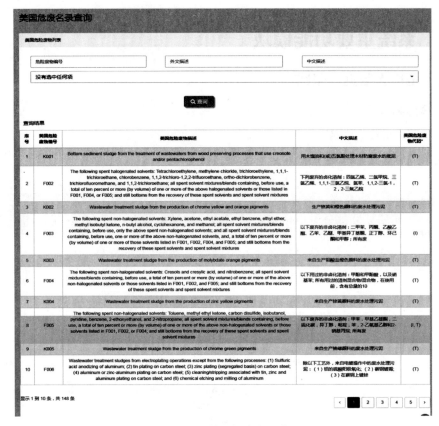

图 10.2　美国危废名录库

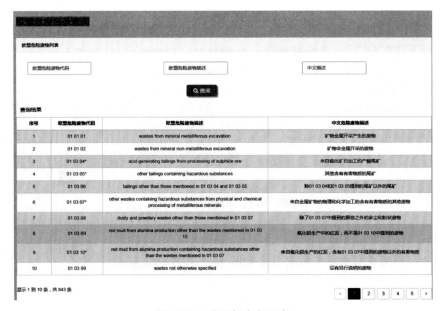

图 10.3　欧盟危废名录库

日本危废名录查询

日本危险废物列表

种类1	种类2	特性及具体示例

Q查询

查询结果

序号	种类1	种类2	特性及具体示例	判定标准值废酸、废碱（含量实验）	判定标准值污泥等（含量实验）	判定标准值烟尘、灰渣	单位
1	废油		挥发油类、煤油类、轻油类，燃点低或70℃				
2	废酸		pH值低于2.0的酸性废液				
3	废碱		pH值高于12.5的碱性废液				
4	传染性产业废物		有传染危险的产业废物（废塑料类、废金属、废玻璃、废陶瓷等）				
5	特定有害产业废物	废PCB等	废PCB、含PCB的废油				
6	特定有害产业废物	PCB污染物	"废纸（涂有PCB、浸有PCB的）				
7	废木料（浸有PCB的）						
8	废纤维（浸有PCB的）						
9	废塑料类（附着有PCB或装入PCB的）						
10	废金属（附着有PCB或装入PCB的）						

显示 1 到 10 条，共 41 条

‹ **1** 2 3 4 5 ›

图 10.4　日本危废名录库

2. 危废一张图

（1）产生源情况

1）地图展示

产生源情况图，实现不同的用户可以在同一张图上对危险废物产生情况进行全面访问。

2）高级查询

高级查询功能具有按地区/片区、行业、种类分别呈现产生源、危险废物经营情况（季度、半年度、年度）功能；能够实现在同一张图上按企业、废物类型、时间、数量、位置等多种参数进行查询检索，以及对检索结果进行展示的功能（图 10.5）。

3）地区概况

实现在同一张图上通过废物、企业等信息进行关联，对环境监测、环境影响评价、环境应急、环境执法等数据进行多图层叠加展示以及关联分析查询。

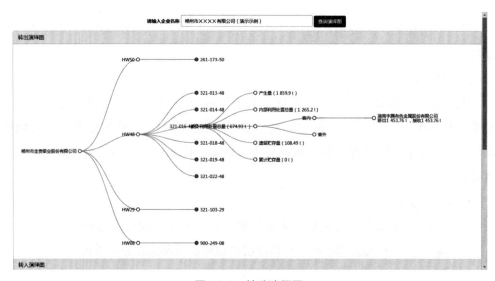

图 10.5　高级查询

（2）经营情况

经营情况图，实现不同的用户可以在同一张图上对危险废物处置企业能力和处置情况等信息的全面访问。

（3）转移情况

转移图，实现不同的用户可以在同一张图上实现对危险废物转移状态、转移路径、敏感目标等信息的全面访问。

在同一张图上实现危险废物产生情况与经营情况关联分析情况，包括需求、处置能力、实际处置情况等数据对比和展示。

转移演绎图可对危险废物转移、处置环节的数据进行关联校核，实现产废单位委托利用处置危险废物发生转移的类别、量等关键数据与转移管理系统和经营单位系统废物相关联查询和展示（图 10.6）。

图 10.6　转移演绎图

10.2.2　固体废物环境管理大数据分析

1. 模型分析

（1）一企一产废系数

通过对一个企业的产生废物量和产品量进行对比，生产一个企业的产废系数，为后续行业的产废、区域的产废系数做基础。另外，可进行企业产废系数历史对比，掌握企业历年产废系数情况（图 10.7）。

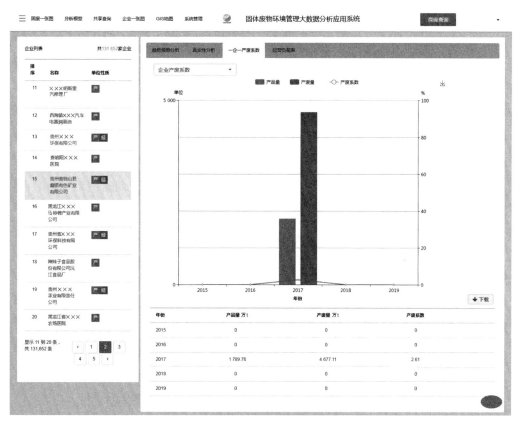

图 10.7　一企一产废系数

（2）经营负荷率

通过对一个企业的实际核准经营规模和核准经营规模进行对比，生成企业的经营负荷系数。另外可进行企业经营负荷率历史对比，掌握企业历年经营负荷率情况（图 10.8）。

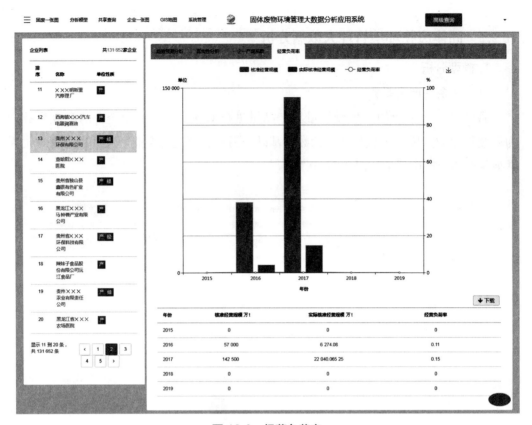

图 10.8　经营负荷率

（3）真实性分析

通过进行正态分布拟合算法，计算偏差率，通过产废企业不同年度的企业规模和产废系数相关关系分析，计算出企业规模与产废系数之前的相对关联关系，并对偏差较大的企业进行综合分析，发现其中偏离较大的企业，这些企业数据真实性可能存在异常。通过此模型发现之后可进一步跟踪、监控、排查。根据该比率分布，给出企业填报数据真实、疑似失真、失真的结果性判断（图 10.9）。

（4）趋势预测分析

利用时间序列算法分析此行业或地区的废物的产生趋势，通过对产废企业的产废量，以及产废企业家数进行综合分析，按照年代走势进行分析，可以分析出某个行业、某个地区，或者某类废物的发展趋势，是处在发展的起步期、发展期、成熟期、衰退期，进而可以使用户对未来的产废趋势进行预测评估（图 10.10）。

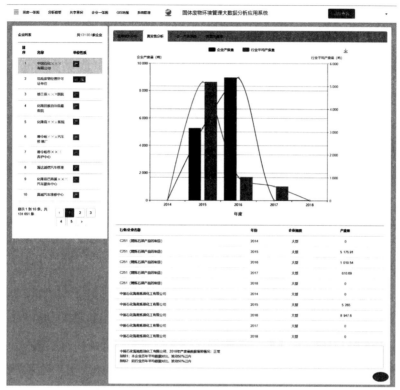

图 10.9　真实性分析

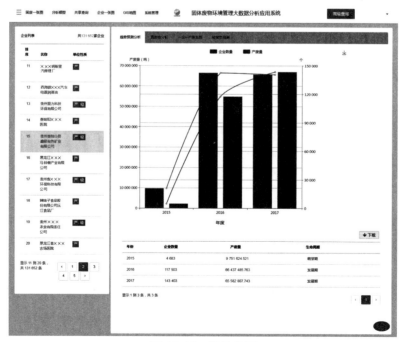

图 10.10　趋势分析

2.企业一张网

可以对全国范围内不同企业危险废物产生情况和处置情况进行自动比对和大数据分析，自动生成数据分析报告。报告中应包括危险废物转移和处置环节的数据情况，转移与处置数据是否正确匹配，数据不一致的原因分析，匹配程度排名和图表分析等。通过建设企业一张网，对企业的综合查询，聚焦到某一具体企业的全景图、详情图。

（1）全景图

通过查询地区、违法情况、违法额度、违反环境信用情况、所在区域监测数据超标情况、年度、排污许可设施情况、环境应急事件发生情况、污染防治计划情况的企业，通过在同一张图上对企业的固体废物、相似企业、环境监测、环境影响评价、排污许可、环境统计、环境应急、环境执法、环境信用等环境质量数据以及企业的固体废物产生情况、企业数据真实情况、企业利用处置能力情况等详细信息及深度分析情况进行多图层叠加展示（图 10.11）。

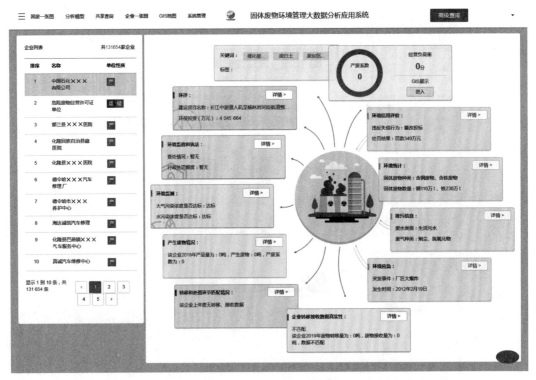

图 10.11　企业一张网全景

（2）详情图

①基本信息（图 10.12）

图 10.12　基本信息

②产废废物占比图（图 10.13）

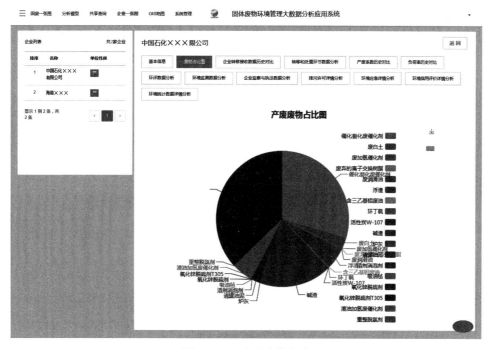

图 10.13　产废废物占比

③企业转移接收数据对比

系统通过全国范围内不同地区（省、市级）、不同企业危险废物产生情况和处置情况进行自动比对和大数据分析，自动生成数据分析报告。报告中应包括危险废物转移和处置环节的数据情况，转移与处置数据是否正确匹配，数据不一致的原因分析，匹配程度排名和图表分析等（图 10.14、图 10.15）。

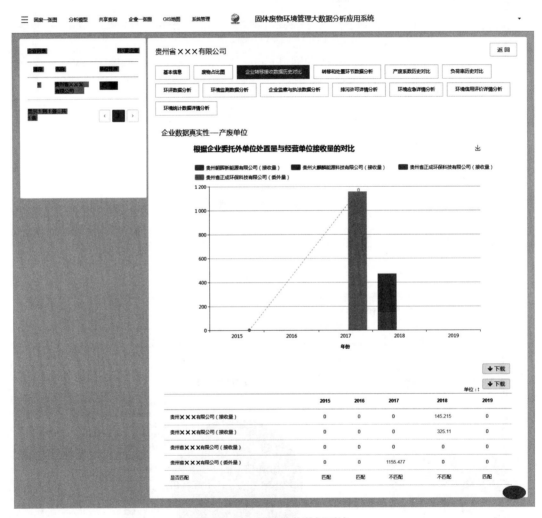

图 10.14　转移接收数据对比

图 10.15　转移和处置环境数据分析

④产废系数历史对比

实现产生源产废系数管理和展示功能：不同年份产废系数情况如图 10.16 所示。

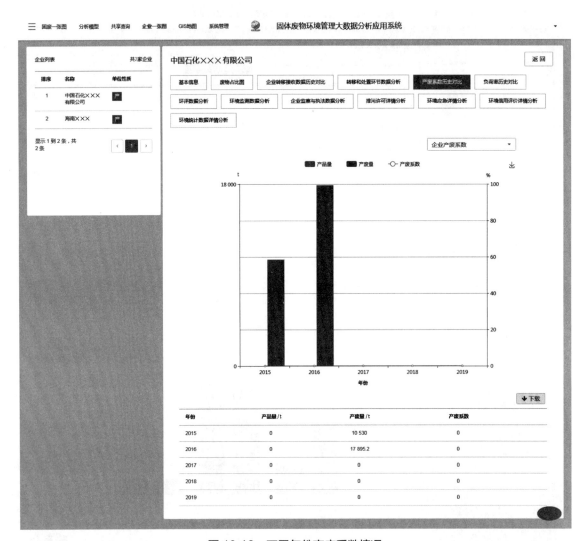

图 10.16　不同年份产废系数情况

⑤经营负荷率历史对比

实现经营单位经营负荷率管理和展示功能：经营负荷率如图 10.17 所示。

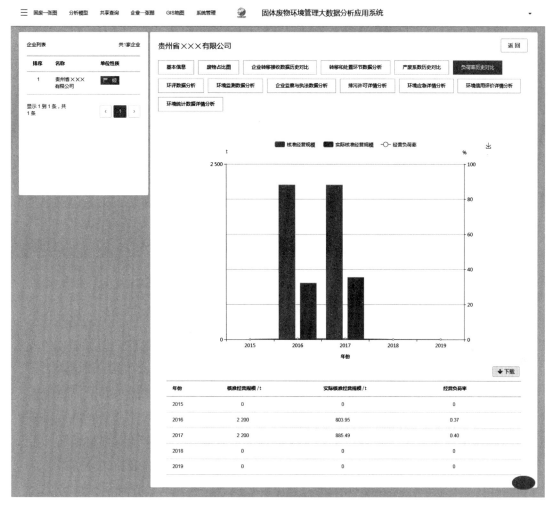

图 10.17　经营负荷率

⑥环评数据分析

与环评数据库对接，能够共享查询数据库中产生源和经营单位环评报告、产生固体废物（危险废物单列）的建设系统清单（单位名称、地址、社会统一信用代码），产生固体废物（危险废物单列）的种类、数量等内容。通过环评信息与实际情况进行综合比对，自动生成分析报告，对实际情况与环评情况不符的企业进行预警和提示（图 10.18）。

图 10.18　环评数据分析

3. 共享查询

通过对全国固体废物管理信息系统、地方固体废物管理信息系统、环境影响评价数据、环境监测数据、环境执法与处罚数据等实现数据对接的基础上，利用大数据关联分析技术，实现上述数据的综合关联查询和分析。其中，至少可实现通过某种固体废物或某个企业，实现关联数据的综合查询；可实现对选定地区、行业、企业、废物种类、利用处置方式的自定义统计分析，如选取长江经济带、京津冀地区进行分析。根据查询结果，自动生成综合分析报告，全面展示各种关联数据。

对外部接口数据进行综合自定义查询，获取和固废、危废相关联信息，包括环境质量综合查询（环评、环监、环境执法监测）、预留接口（排污许可数据接口、环境统计和第二次污染源普查、环境保护信用评价数据、地方生态环境保护部门数据接口）等。

（1）环境质量数据共享自定义综合查询

①查询页（图 10.19）

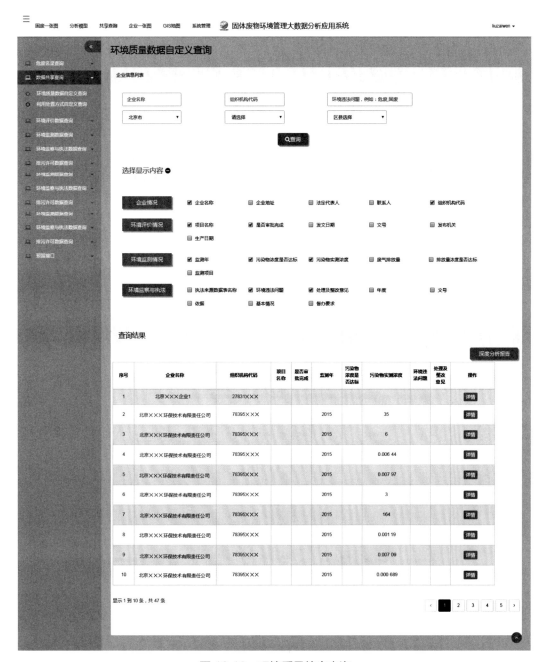

图 10.19　环境质量综合查询

②详情页（图10.20）

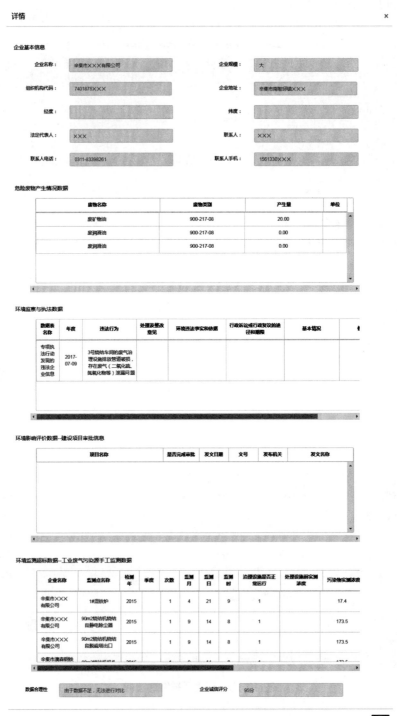

图10.20　产生数据匹配

③深度分析（图 10.21）

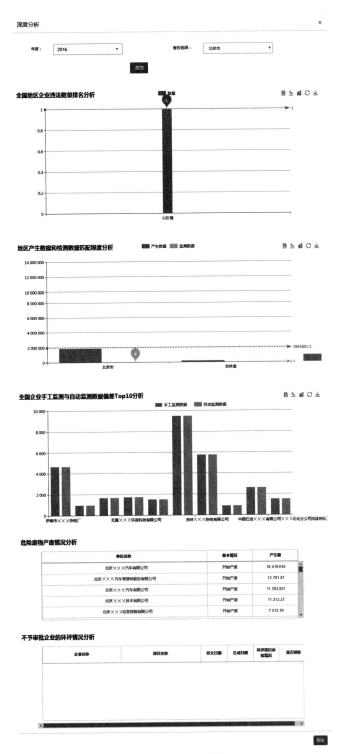

图 10.21 深度分析

④利用处置方式查询

利用处置方式查询如图 10.22 所示。

利用处置方式查询

产生单位　　　经营单位

查询条件

省级选择 ▼	请选择 ▼	请选择 ▼	2017年 ▼
行业大类 ▼	行业中类 ▼	行业小类 ▼	
▼	请选择 ▼	废物名称	请选择 ▼
企业名称	组织机构代码	核准经营方式	经营单位类型 ▼

字段选择 ⊕

查询结果　　　　　　　　　　　　　　　　　查询　重置　导出

序号	报表年份	废物代码	废物名称	接收量	计量单位	处置方式	数量	单位名称	核准利用量
1	2017	900-214-08	废矿物油	761.690 000		S,		长沙×××环保科技有限公司	0.0
2	2017	900-300-34	废盐酸	1 968.800 000		R15,		昆明×××有限公司	1 850.0
3	2017	772-002-18	稳定化飞灰	783.480 000		D1,		长丰县×××垃圾填埋场	0.0
4	2017	336-064-17	表面处理废物	1 749.940 000		R5, S,		浙江×××环保有限公司	44 700.0
5	2017	900-308-34	废酸2	31.110 000		R5,		浙江×××环保有限公司	44 700.0
6	2017	900-300-34	废酸1	3 087.300 000		R5,		浙江×××环保有限公司	44 700.0
7	2017	831-001-01	感染性废物	904.026 560		Y11,		六盘水市钟山区岔河垃圾填埋有限公司	0.0
8	2017	314-001-34	废酸	16 048.980 000		R5, S,		浙江×××环保有限公司	44 700.0
9	2017	831-002-01	损伤性废物	103.952 000		Y11,		六盘水市钟山区岔河垃圾填埋有限公司	0.0
10	2017	772-003-18	收集烟尘	0.000 000				江西×××材料有限公司	3 000

显示 1 到 10 条, 共 34 699 条

‹ **1** 2 3 4 5
›

图 10.22　利用处置方式查询

10.3 总体技术方案

10.3.1 运行环境

1. 硬件环境

硬件清单见表 10.1。

表 10.1 硬件清单

名称	配置	数量	运行环境	备注
数据库服务器	16 核 CPU，64 GB 内存，1 024 GB 存储	1	环保云	物理机
应用服务器	8 核 CPU，64 GB 内存，1 024 GB 存储	1	环保云	虚拟机

2. 软件环境

软件清单见表 10.2。

表 10.2 软件清单

序号	产品名称	产品配置	用途
1	数据库	MySQL5.6	组织、存储和管理数据资源
2	操作系统	Microsoft Windows Server 2008 R2（64 位）	数据库服务器
		Microsoft Windows Server 2008 R2（64 位）	应用服务器

10.3.2 设计目标

按功能性需求、性能需求和质量属性要求，确定系统的整体架构和技术路线，完成总体设计和详细设计，为后续开发提供指导。

1. 设计原则

系统设计遵循如下设计原则：

（1）安全、稳定、可靠性；

（2）系统具有开放性；

（3）可扩展性良好；

（4）界面友好；

（5）用户投资连续性；

（6）技术成熟先进；

（7）标准规范性；

（8）高内聚、低耦合；

（9）整体规划，分层设计。

2.设计方法

系统的设计采用先进的系统工程思想、基于 SOA 的架构分析设计方法、面向对象的分析与设计方法。在具体实施中，将结合瀑布法、原型法、迭代式分析设计等多种系统开发生命周期管理方法，总体规划，分步实施。

3.系统架构

系统总体架构分为基础设施层、资源层、支撑层、应用层及展现层，整体建设围绕着环境保护部安全、运维和标准 3 种管理体系进行本次软件系统设计。基础设施层为上层应用和平台提供运行环境支撑；资源层为系统运行提供数据支撑和基础数据管理工作；支撑层提供大数据算法；应用层中固体废物业务系统为固体废物业务数据来源，通过固体废物业务系统采集到的固体废物业务数据，为其他应用提供数据支撑。固体废物环境管理大数据分析应用系统主要是通过大数据技术手段对固体废物业务数据进行深层次挖掘与分析，通过采用大数据相关算法，找寻不同业务数据之间的关联关系，进而分析固体废物业务数据的发展趋势以及日常工作的风险预防，为管理者提供宏观辅助决策。化学品基础信息数据库主要是建立固体废物业务中所涉及的化学品库，为整个固体废物业务提供化学品数据支撑。访问层提供用户涉及的访问方式（图 10.23）。

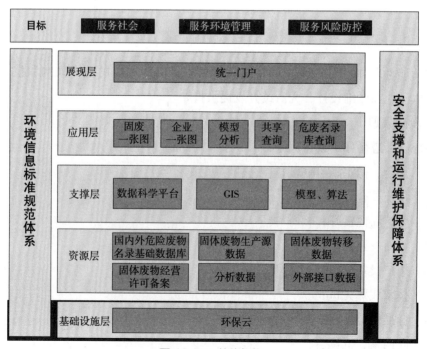

图 10.23　总体架构

10.3.3　功能架构

该系统主要包括危废一张图、企业一张网、模型分析、共享查询 4 部分内容（图 10.24）。通过对固体废物基础数据及业务数据清洗与整合，结合大数据技术对固体废物业务进行深度挖掘与分析，搭建固体废物业务大数据平台，为管理者提供宏观辅助决策。

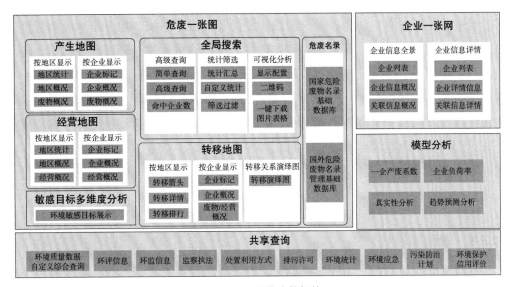

图 10.24　系统功能架构

1. 危废一张图

不同的用户可以在同一张地图上实现对危险废物产生情况、转移状态、处置企业能力和处置情况、运输路线、周边环境敏感区域等信息的全面访问。另外会同时开发 PC 端、移动端"危废一张图"应用，向相关管理部门开放随时访问的便捷服务。能够提供通用功能：全方位查询展示、多维度统计筛选、丰富的可视化分析功能；能提供危废产生源按地区、企业查看的地图展示分析；能提供危废经营情况按地区、企业查看的地图展示分析；能提供危废转移情况按地区、企业查看的地图展示分析。另外，能够对国内外危废名录进行查询、浏览。

2. 企业一张网

可以按地区 / 片区、行业、种类分别呈现产生源、危险废物经营情况（季度、半年度、年度）。能够提供企业信息全景展示、企业信息详情展示功能：可以在同一张图上通过废物、企业等信息进行关联，对环境监测、环境统计、环境影响评价、排污许可、环境应急、环境执法、环境信用等数据进行多图层叠加展示以及关联分析查询。

3. 模型分析

通过"模型分析"的应用，在同一张图上实现危险废物产生情况与经营情况关联分析情况，包括需求、处置能力、实际处置情况等数据对比和展示；另外，在2018年基础上增加3种大数据分析模型和算法，实现数据分析结果展示功能：提供一企一产废系数管理模型、经营负荷率管理模型、真实性分析模型、趋势预测模型。

4. 共享查询

通过"共享查询"功能，对全国固体废物管理信息系统、地方固体废物管理信息系统、环境统计数据、环境影响评价数据、排污许可数据、环境监测数据、环境执法与处罚数据、环境信用数据、环境统计与"二污普"数据、环境普查数据、环境应急数据、行政处罚数据等实现数据对接的基础上，利用大数据关联分析技术，实现上述数据的综合关联查询和分析。其中，至少可实现通过某种固体废物或某个企业，实现关联数据的综合查询；可实现对选定地区、行业、企业、废物种类、利用处置方式的自定义统计分析，如选取长江经济带、京津冀地区进行分析。根据查询结果，自动生成综合分析报告，全面展示各种关联数据。

10.3.4 数据库设计

参照系统系统结构、功能架构设计，进行底层数据支撑库设计，对于每一个功能场景均有对应底层数据作为支撑，为前台业务提供数据服务。总体数据库功能架构如图10.25所示：

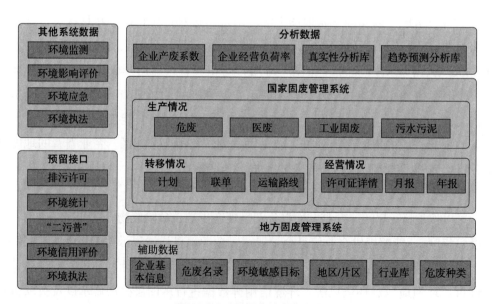

图10.25 数据库功能架构

第11章

化学品环境大数据管理

11.1 系统基本情况概述

11.1.1 系统概述

通过大数据信息处理技术，将化学品基础信息进行整合，构建具有智能搜索和深度分析挖掘等功能的数据库应用系统，实现灵活的自定义检索汇总及报告自动生成等功能，辅助政府管理部门和社会公众，便捷地利用和挖掘数据价值。

11.1.2 系统背景

2015年7月，环境保护部成立生态环境大数据建设领导小组，全面推动落实党中央、国务院关于大数据发展的新部署、新要求。2016年1月，环境保护部通过《生态环境大数据建设总体方案》，明确了生态环境大数据建设的指导思想和目标，强调要以改善环境质量为核心，实现生态环境综合决策科学化、监管精准化、公共服务便民化。

11.1.3 建设目标

1.服务社会

通过采集和共享建设化学品基础数据库。数据库建成之后，通过建设开放的信息门户、网站、移动互联网应用等形式，向全社会开放数据和分析成果。社会公众可以根据自身实际需要，通过统一权限分配和管理，便捷地检索和利用化学品数据平台上的各种相关数据，体现数据价值。

2.服务环境应急

危险化学品在产生、使用、转移和处置过程中都可能会出现较大环境风险。近期发生过一些危险化学品爆炸、泄漏等事件，对环境和人类健康造成较大危害。通过建设 PBT 属性预测软件，可对化学品持久性、生物蓄积性与毒性进行有效预测。结合应急事件所在地理位置、运输路线、周边环境敏感目标、应急设施等情况，可科学制定应急预案，及时调度和通知相关部门开展应急处置。

3.服务环境管理

以大数据为基础，通过对海量化学品物质业务数据的挖掘分析，结合经验模型、物理模型及高性能计算技术，对环境风险趋势、化学品使用行为、危险废物转移行为进行可视化动态推演，以及评价、预警与预测。同时为宏观政策制定和设施、日常监督管理等环境管理工作提供数据支持和服务。

11.2 总体技术方案

11.2.1 软件形态及运行环境

1.硬件环境

硬件清单见表 11.1。

表 11.1 硬件清单

序号	名称	配置	说明
1	应用服务器	4 核，8 G，1 T 硬盘	应用系统
2	数据库服务器	4 核，8 G，1 T 硬盘	组织、存储和管理数据资源

2.软件环境

软件清单见表 11.2。

表 11.2 软件清单

序号	产品名称	产品配置	用途
1	数据库	MySQL5.6	组织、存储和管理数据资源
2	操作系统	Window Server 12	数据库服务器
		Window Server 12	应用服务器

3.硬件环境及软件部署

硬件环境及软件部署架构如图 11.1 所示。

```
┌─────────────────────┐    ┌─────────────────────┐
│ 数据库：Mysql5.6     │    │ 应用环境：Tom cat8   │
│ 端口：3306           │    │ 端口：8080           │
│ 用户：root           │    │ 用户：admin          │
│ 位置：D:/mysql       │    │ 位置：c:/tomcat8l    │
└─────────────────────┘    └─────────────────────┘
```

图 11.1 硬件环境及软件部署架构

11.2.2　设计思想

1.设计目标

按功能性需求、性能需求和质量属性要求，确定系统的整体架构和技术路线，完成总体设计和详细设计，为后续开发提供指导。

2.设计原则

系统设计遵循如下设计原则：

（1）安全、稳定、可靠性；

（2）系统具有开放性；

（3）可扩展性良好；

（4）界面友好；

（5）用户投资连续性；

（6）技术成熟先进；

（7）标准规范性；

（8）高内聚、低耦合；

（9）整体规划，分层设计。

3.设计方法

系统的设计采用先进的系统工程思想、基于 SOA 的架构分析设计方法、面向对象的分析与设计方法。在具体实施中，将结合瀑布法、原型法、迭代式分析设计等多种系统开发生命周期管理方法，总体规划，分步实施。

11.2.3　系统总体架构

化学品基础信息数据库系统总体架构如图 11.2 所示。

1.基础设施层

基础设施层包括各类基础设施资源、云管理平台和虚拟化的资源节点。

2.数据资源层

数据资源层主要包括化学品名录、调查、清单、优评优控、网站、属性等数据，实现生态环境大数据管理平台中的数据存储管理功能。

3.应用支撑层

应用支撑层实现化学品数据抓取工具、加拿大 Mackay Ⅲ级逸度模型算法调用、BCF 参数、KOW 参数调用、GIS 工具等。

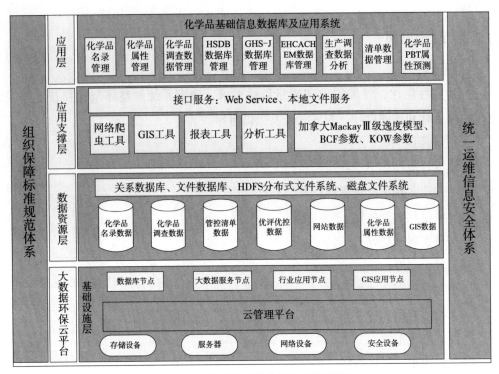

图 11.2 化学品基础信息数据库总体架构

4. 应用层

应用层主要包含化学品数据管理功能、化学品 PBT 属性预测功能、生产调查数据分析功能。

5. 两套体系

两套体系指组织保障标准规范体系和统一运维信息安全体系，其中组织保障标准规范体系为大数据建设提供组织机构、人才资金及标准规范等体制保障；统一运维信息安全体系为大数据系统提供稳定运行与安全可靠等技术保障。

11.2.4　技术架构

化学品基础数据库与应用系统总体技术架构分为数据库层、应用支撑层、业务逻辑层、用户表现层 4 部分（图 11.3）。

（1）数据库层主要存储系统建设所需的数据库数据信息，分为化学品名录数据、管理清单数据、优评优控数据、网站数据、化学品属性数据、属性预测参数数据、化学品调查数据等。

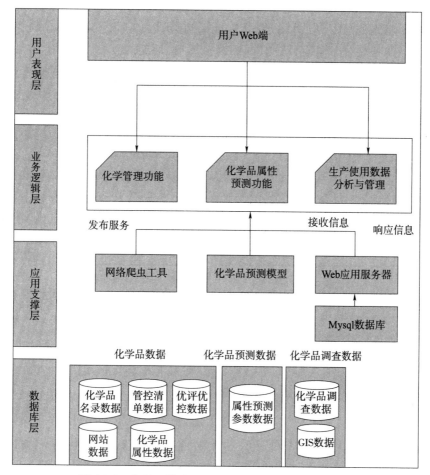

图 11.3　化学品基础数据库与应用系统总体技术架构

（2）应用支撑层是系统建立的核心支持软件层。主要有网络爬虫工具、化学品
预测模型。Web 应用服务器由 Tomcat 中间件搭建而成，主要负责提供与业务数据的
数据交互功能。接收系统功能发送的数据交互请求信息，在业务数据库中获取到相
关信息后，发出响应信息供前端系统功能获取数据并展示。

（3）业务逻辑层主要包括系统搭建的全部功能。包括化学品数据管理功能、化
学品预测功能、化学品生产使用调查数据。

（4）用户表现层主要是用户浏览系统的展示界面。本次系统有 B/S 页面端展示，
页面端展示包含了系统全部的功能项。

171

11.2.5　功能架构

化学品基础数据库与应用系统总体功能架构如图 11.4 所示。

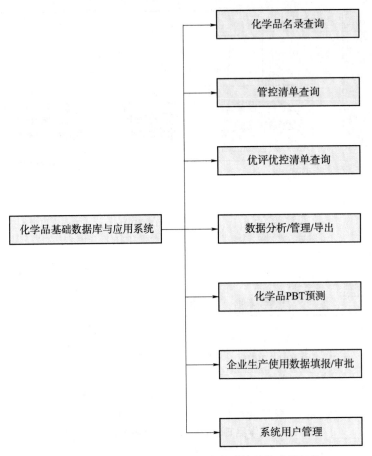

图 11.4　化学品基础数据库与应用系统总体功能架构

11.2.6　数据库设计

（1）管控清单与管控清单中的化学物质实体关系

通过对包括中国、加拿大、美国、日本、欧盟以及其他国家的管控清单物质管理，实现管控清单一对多关系，管控清单对管控化学物质为一对多关系（图 11.5）。

（2）化学品与化学品基本展示属性信息实体关系

化学品物质名称与 CAS 号与其基本信息对应，为一对多关系，化学品物质与其多种属性对应关系为一对多关系（图 11.6）。

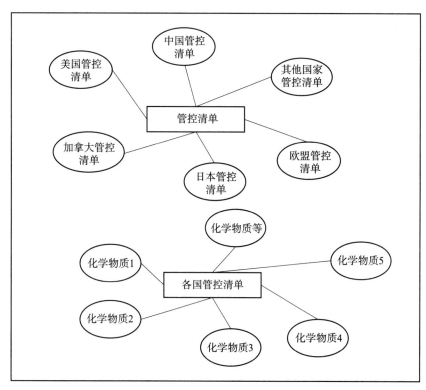

图 11.5　管控清单与管控清单中的化学物质实体关系 E-R

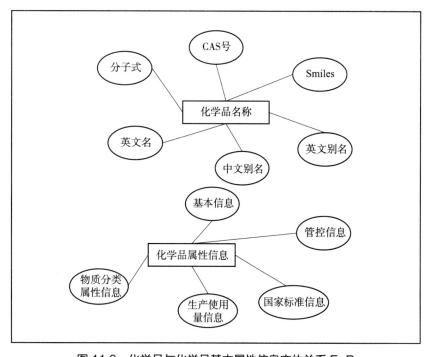

图 11.6　化学品与化学品基本属性信息实体关系 E-R

（3）化学品分类属性信息实体关系

化学品物质分类属性信息对应的关系为一对多（图 11.7）。

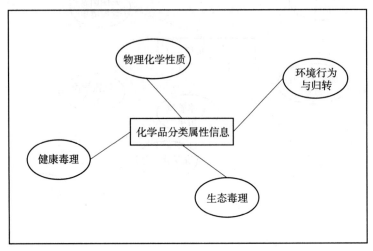

图 11.7 化学品分类属性信息实体关系 E-R

11.2.7 接口设计

1. 系统外部接口

系统外部接口见表 11.3。

表 11.3 系统外部接口

关系组件		化学品基础信息数据库与应用系统与该组件的接口关系说明
GIS	地图服务	通过 HTTP 方式，调用超图底图服务，获取地图展现
大数据管理平台	预留接口	预留和大数据管理平台接口的对接

2. 系统内部接口

（1）安全组件

通过 RESTful 接口方式，调用单点登录服务，实现单点登录和用户同步，并返回对应的 token（图 11.8）。

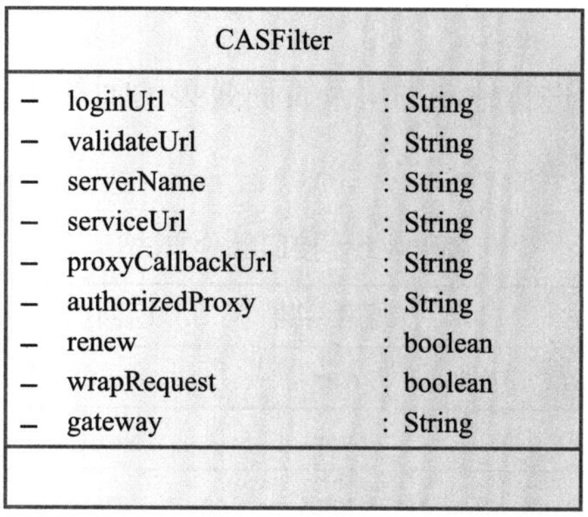

```
                CASFilter
 —  loginUrl              : String
 —  validateUrl          : String
 —  serverName           : String
 —  serviceUrl           : String
 —  proxyCallbackUrl     : String
 —  authorizedProxy      : String
 —  renew                : boolean
 —  wrapRequest          : boolean
 —  gateway              : String
```

图 11.8　安全组件

接口方法说明见表 11.4。

表 11.4　接口方法说明

方法名	调用参数	返回值	说明
loginUrl	String	String	指定 CAS 提供登录页面的 URL
validateUrl	String	String	指定 CAS 提供 service ticket 或 proxy ticket 验证服务的 URL
serverName	String	String	指定客户端的域名和端口，是指客户端应用所在机器而不是 CAS Server 所在机器，该参数或 serviceUrl 至少有一个必须指定
serviceUrl	String	String	指定过后将覆盖 serverName 参数，成为登录成功过后重定向的目的地址
proxyCallbackUrl	String	String	用于当前应用需要作为其他服务的代理（proxy）时获取 Proxy Granting Ticket 的地址
authorizedProxy	String	String	用于允许当前应用从代理处获取 proxy tickets，该参数接受以空格分隔开的多个 proxy URLs，但实际使用只需要一个成功即可。当指定该参数过后，需要修改 validateUrl 到 proxyValidate，而不再是 serviceValidate
renew	boolean	boolean	如果指定为 true，那么受保护的资源每次被访问时均要求用户重新进行验证，而不管之前是否已经通过
wrapRequest	boolean	boolean	如果指定为 true，那么 CASFilter 将重新包装 HttpRequest，并且使 getRemoteUser（）方法返回当前登录用户的用户名
gateway	String	String	指定 gateway 属性

（2）GIS组件

调用 GIS 组件 API，进行地图图层及页面效果的加载和渲染。

接口部分方法见表 11.5。

表 11.5　接口部分方法

方法名	调用参数	返回值	说明
childFrame. setMapExtent	var	void	设置地图显示范围
childFrame. zoomToAD	var	void	定位到
childFrame. addFeatureLayer	var	void	添加图层
childFrame. mapPageLoaded	var	void	地图加载完成回调
childFrame. mapPageLoaded	var	void	底图图层
childFrame. addGraphic	var	void	文字标签图层
childFrame. setLayerVisibility	var	void	隐藏图层
childFrame. setLayerVisibility	var	void	显示图层
childFrame. initTooltipDialog	var	void	初始化提示窗口

（3）日志组件

调用 GIS 组件 API，进行地图图层及页面效果的加载和渲染（图 11.9）。

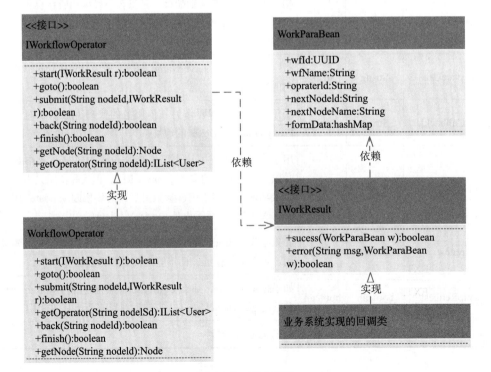

图 11.9　日志组件

接口方法说明见表 11.6。

表 11.6　接口方法说明

方法名	调用参数	返回值	说明
start	IWorkResult	boolean	启动一个流程，并将其启动结果传递到 IWorkResult 中执行
goto	无	boolean	执行流程跳转
submit	String, IWorkResult	boolean	提交流程到指定节点，并执行 IWorkResult 的自定义逻辑
back	String	boolean	退回操作
finish	无	boolean	流程结束
getNode	String	Node	获取流程节点信息
getOperator	String	Ilist＜User＞	获取路程节点操作人信息

注：IWorkflowOperator 为流程操作总入口。

（4）统一用户认证

通过 RESTful 接口方式，获取当前登录用户信息、权限等基础数据。

返回数据见表 11.7。

表 11.7　返回数据

字段名	数据类型	说明
DEPT_ID	VARCHAR2（50）	部门 ID
DEPT_NAME	VARCHAR2（50）	部门名称
DEPT_CODE	VARCHAR2（100）	代码
DEPT_TYPE	INTEGER	类型（0：普通部门，1：独立组织）
PARENT	VARCHAR2（50）	父节点
TEAM_LEADER	VARCHAR2（50）	负责人
PARENT_SUPERVISOR	VARCHAR2（50）	上级主管
STATUS	INTEGER	状态（10 启用，-10 停用）
ORG_ID	VARCHAR2（50）	所属组织 ID
EXT1	VARCHAR2（100）	扩展 1
EXT2	VARCHAR2（100）	扩展 2
EXT3	VARCHAR2（100）	扩展 3
EXT4	VARCHAR2（100）	扩展 4
CREATE_DATE	DATE	创建时间

续表

字段名	数据类型	说明
CREATE_USER	VARCHAR2（50）	创建人
MODIFY_DATE	DATE	最后修改时间
MODIFY_USER	VARCHAR2（50）	修改人
SORT	INTEGER	排序
FLAG_THREE	INTEGER	是否开启三员管理（1 开启，0 不开启）
TREE_GRADE	INTEGER	部门树层级
DEPT_PATH	VARCHAR2（500）	路径
REGION_CODE	VARCHAR2	部门行政区编号（多个编号用","分隔）
IS_MAIN	INTEGER	是否为主部门（1：是，2：不是）

11.2.8 总体界面设计

1. 设计原则

（1）易用性原则。按钮名称应该易懂，用词准确，没有模棱两可的字眼，要与同一界面上的其他按钮易于区分，如能望文知意最好。理想的情况是用户不用查阅帮助就能知道该界面的功能并进行相关的正确操作。

（2）规范性原则。通常界面设计都按统一页面展示风格规范来设计，即包含"菜单条、工具栏、工具箱厢、状态栏、滚动条、右键快捷菜单"的标准格式，可以说，界面遵循规范化的程度越高，则易用性相应的就越好。小型软件一般不提供工具箱。

（3）帮助设施原则。系统应该提供详尽而可靠的帮助文档，在用户使用产生迷惑时可以自己寻求解决方法。

（4）合理性原则。屏幕对角线相交的位置是用户直视的地方，正上方 1/4 处为易吸引用户注意力的位置，在放置窗体时要注意利用这两个位置。

（5）美观与协调性原则。界面应该大小适合美学观点，感觉协调舒适，能在有效的范围内吸引用户的注意力。

（6）菜单位置原则。菜单是界面上最重要的元素，菜单位置按照功能组织。

（7）独特性原则。在框架符合以上规范的情况下，设计具有自己独特风格的界面。

（8）排错性考虑原则。在界面上通过下列方式来控制出错概率，会大大减少系统因用户人为的错误引起的破坏。开发者应当尽量周全地考虑到各种可能发生的问题，使出错的可能降至最小。如应用出现保护性错误而退出系统，这种错误最容易使用户对软件失去信心。因为这意味着用户要中断思路，并费时、费力地重新登录，而且已进行的操作也会因没有存盘而全部丢失。

2. 界面首页

系统界面首页如图 11.10 所示。

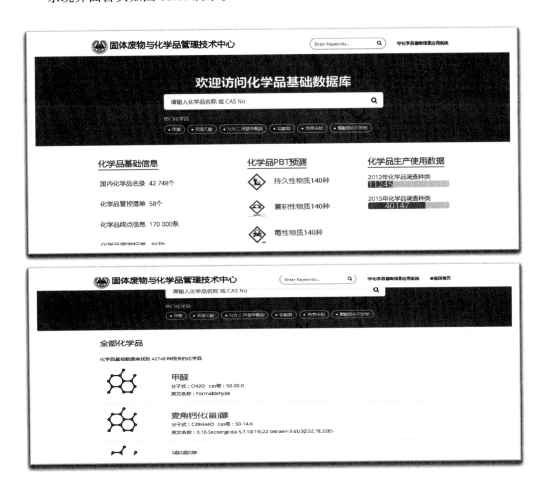

图 11.10 系统界面首页

04

第四篇　固体废物信息化管理趋势

第12章

危险废物物联网管理系统

12.1 系统概述

12.1.1 建设背景

建设生态文明、保护生态环境关系人民福祉、关乎民族未来，是实现中华民族伟大复兴中国梦的重要内容，是全面建成小康社会、建设美丽中国的时代选择。党的十八大以来，习近平总书记站在党和国家发展全局的高度，围绕全面建成小康社会提出了一系列新理念、新思想、新战略，指出建设美丽中国，改善生态环境就是发展生产力。

危险废物污染防治是环境保护工作的重要组成部分，但是，随着社会经济的持续高速发展，危险废物产生不断增加、历年的堆存量急剧扩大，而综合利用滞后、处理设施建设不足、环境监管能力薄弱，危险废物污染防治形势严峻。《中共中央 国务院关于全面加强生态环境保护坚决打好污染防治攻坚战的意见》明确提出"调查、评估重点工业行业危险废物产生、贮存、利用、处置情况。完善危险废物经营许可、转移等管理制度，建立信息化监管体系，提升危险废物处理处置能力，实施全过程监管。"建立具备对危险废物产生、转移和处置全过程监管的信息系统非常必要。

危险废物监管作为污染防治工作不可或缺的重要一环，与大气、水和土壤污染防治息息相关、密不可分，并贯穿危险废物产生、收集、贮存、运输、利用、处置的全过程，关系到产生单位、运输单位、处置单位、各地方环保部门等多方日常工作。在互联网、云服务、大数据等技术发展推动下，以新技术服务手段利用原有基础资源，建设危险废物综合数据管理平台，既是对危险废物精细化监管和科学化管理，又是改善大气、水和土壤环境质量、防范环境风险的客观需要。目前，大多数地区存在危险废物存量情况底数不清、集中处置设施配套建设滞后、综合利用率总体技术水平不高等问题，全国各省份信息化进度不一致以及跨省转移商请各省份间信息不畅通等问题，亟须建设全国统一的固废信息化平台，以实现全国"固废数据一套数，固废监管一盘棋"的整体目标。

12.1.2　建设目标

通过建设危险废物物联网管理系统，实现对危险废物全方位的管理，并对危险废物单一产生源数据、转移和利用处置信息的互联互通。通过物联网、二维码、空间定位等技术，开发移动互联网 App 软件，实现危险废物全过程可追溯，以此逐步实现危险废物产生、转移、处置全过程的可追溯、可跟踪、可预警、可展示。通过系统建设促使危险废物环境管理由传统机器记录型系统向现基于物联网和大数据分析的智能化管理方式进行转变，进一步实现对危险废物从最初产生到最终处置的全过程业务流程的现代化、精细化、智能化、实时化的闭环管理。

12.1.3　建设内容

危险废物全过程智能管理系统建设内容主要分为全国危废监管门户、综合业务管理子系统等部分，具体细分任务如下。

1. 全国危废监管门户

通过全国危废监管门户的建设形成全国统一的危险废物业务办理归集入口，为各类用户业务办理提供便捷，省去多个系统之间切换的烦琐。门户主要分为两大部分：企业用户门户和生态环境监管部门门户。不同的应用对象具备不同的业务、流程和功能需求，因此，针对固废管理过程的不同用户，分别建设有针对性的应用门户，并要求省级系统与全国危险废物门户的业务统一集成入口，实现为先进、快速、便捷的管理模式。

2. 综合业务管理子系统

综合业务管理子系统主要是针对产废单位、收集单位、运输单位、处置单位及生态环境管理部门。不同的单位需要将与固废相关的日常业务数据通过综合业务管理子系统进行业务办理，主要包含企业基本信息管理模块、危险废物产生单位管理模块、危险废物经营单位管理模块、危险废物转移管理模块、数据动态验证模块、危险废物规范化管理模块、危险废物鉴别管理模块、危险废物出口审核模块等。通过综合业务管理子系统，危废的产生情况数据可以第一时间上报汇总到系统，同时可针对不同监管对象实现定制化服务，实现危废业务精细化管理。

12.2　业务需求分析

12.2.1　现状与不足

危险废物环境监管是生态环境保护的基础，是生态文明建设的重要支撑。目前，全国危险废物环境监管存在范围和要素覆盖不全，建设规划、标准规范与信息发布不统一，信息化水平和共享程度不高，监管数据质量有待提高等突出问题，难以满足生态文明建设需要，影响了固废监管的科学性、权威性和政府公信力，必须加快推进全国危险废物监管能力建设。目前，全国危险废物环境监管主要存在以下突出问题。

1. 固废领域涉及范围广监管权责不清

危险废物的分类方法很多，按其组成可分为有机废物和无机废物；按其危害状况可分为危险废物（氰化尾渣、含汞废物等，见危险废物名录）、有害废物（指腐蚀、腐败、剧毒、传染、自燃、锋刺、放射性等废物）和一般废物；按其形态可分为危险废物（块状、粒状、粉状）、半固态废物（废机油等）和非常规固态废物（含有气态或固态物质的固态废物，如废油桶、含废气态物质、污泥等）；按其来源可分为工业危险废物、矿业固体废物、农业危险废物、城市生活垃圾、危险废物、放射性废物和非常规来源危险废物。

从危险废物管理角度来看，涉及危险废物管理的部门主要有生态环境部、国家发展改革委、住房和城乡建设部、交通运输部、工业和信息化部、商务部、农业部、卫健委等。因此，固废领域涉及的范围广、牵涉部门多，在实际工作中各部门对自己的权责定位不清楚，形成监管难度大，监管力度不够。

2. 危险废物污染防治形势严峻监管难

危险废物产生量大、积存量多，污染防控风险隐患多，环境风险较高，不当堆存、非法倾倒处置问题突出，多地发现渗坑、暗管偷排废酸废液等违法事件；部分处置设施运行不规范、不稳定，对大气、水和土壤环境构成威胁。

3. 危险废物全过程精细管理有待强化

危险废物对生态环境和人体健康威胁大，一旦发生污染事故，后果十分严重。当前，我国危险废物管理工作中还存在不少薄弱环节。一是危险废物底数不清，每年有超过一半的危险废物由产生单位自行利用处置，大部分游离于监管之外。管理部门不能全面准确掌握企业产生的危险废物类别、数量，直接影响了危险废物污染防治工作的针对性和有效性。二是固废相关数据是由企业直接填写，虚报瞒报漏报普遍存在，数据无法真实反映企业的固废管理情况，导致统计数据失真，难以作为环监管理决策的依据，不利于把控全局、科学决策分析管理。

4. 固废监管信息化能力薄弱家底不清

目前，固废管理平台仅对企业信息、固废申报登记、废物转移联单等业务进行信息化监管，而对于危险废物转移运输、利用和处置的过程缺乏有效监管，仅注重企业申报数据的收集，服务政府部门需求，缺少以企业为服务对象的功能，无法实时体现每家企业的危险废物从产生、贮存到转移、处置的全生命周期情况，造成危险废物数据滞后，家底不清，不能为各级环保部门危废日常监管工作提供信息支撑。

危险废物环境管理涉及生活垃圾、一般工业危险废物、危险废物、电子废物、进口废物等，涉及面十分广泛，对危险废物全过程监管要求高，监管工作负荷重、难度大、专业性强。但危险废物监管机构不全、人员力量不足、监管能力薄弱。另外，科技支撑能力不强也是固废监管的痛点。检查发现，我国对不同危险废物的产生分布、利用处置、污染特性等方面的专项科学技术研究比较薄弱，专业平台少，技术人员不足，科研经费投入不够。危险废物监管中存在鉴别单位少、鉴别过程长等问题，相关风险损害评估、事故预警应急、信息平台建设等方面也有待加强。

5. 危险废物产量大处置能力严重不足

作为工业产量规模世界第一、人口数量世界第一的大国，我国每年产生数百亿吨的工业固废、生活垃圾，工业固废产出量约为工业总产值的 5‰。与此同时，我国不仅面临着国内垃圾的处理问题，还在进口危险废物的同时承担着来自国外的垃圾处理。党的十九大要求，坚持全民共治、源头防治，强调要加强固体废物和垃圾处置，深入推进危险废物减量化、资源化、无害化。我国每年的固废产生量不但数量巨大，而且组成结构日趋复杂。据统计，我国危险废弃物仅有 1/4 经由正规渠道进行处置，生产企业面对的是庞大的处置缺口。城市生活垃圾处理、工业危废处理、餐厨垃圾处理均释放出巨大的市场空间。在利益的驱使下，一些没有处置设施的危险废物生产企业通过跨区域转移的方式偷排危险废物，加大了相关部门的监管难度，也对环境安全埋下了隐患。

12.2.2　总体需求分析

根据现行固废信息化管理要求，系统的总体需求如下：

（1）用户需求：包含生态环境部级用户、省级用户、市级用户、企业用户、其他用户；

（2）平台功能需求：全国危废监管门户、综合业务管理子系统、大数据分析决策子系统、全国危险废物数据交换中心、危废污染防治移动应用 App、标准规范体系建设、系统集成；

（3）运维服务需求：系统维护管理、系统运营管理；

（4）非功能性需求：可靠性、稳定性、兼容性、可恢复性、易用性等；

（5）其他需求：工期需求、管理需求、验收需求、培训需求。

12.2.3 技术要求

（1）技术性要求。系统设计开发应采用主流技术路线，系统整体架构须采用基于 SOA 架构方式，系统开发须采用基于 B/S 的架构，充分利用环境信息资源中心的数据存储分析能力进行设计。

（2）兼容性要求。系统开发应采用主流技术路线，系统整体架构须采用基于 SOA 架构方式，系统开发须采用基于 B/S 的架构，以 J2EE 为核心的技术路线。

（3）应用系统部署。危险废物综合管理分系统是新建类系统，所建设功能模块均部署于生态环境部环保云平台，在电子政务外网运行。

12.2.4 性能指标要求

危险废物全过程智能管理系统软件部分技术指标要求如下：

（1）可靠性：系统需提供 7×24 h 的不间断服务；

（2）查询响应：一般数据查询响应时间≤3 s；

（3）制表速度：一般固定表格制表不超过 10 s，复杂统计汇集表格不超过 5 min；

（4）数据库并发：数据库支持超过 300 个用户的并发访问能力；

（5）访问并发：系统具备不少于 2 000 用户同时在线访问能力。

12.3 系统建设方案

12.3.1 总体设计说明

1. 总体设计原则

（1）先进性、规范性原则

系统总体设计确保在生态环境部信息化系统统一建设的标准规范要求的基础上进行，技术上采取先进且成熟可靠的实现形式，系统具有实用性、超前性和规范性。系统建设应依据相关国家、国际标准和规范，系统、设备之间的接口应符合相关标准、规范的要求。

（2）充分利用已有资源

按照统一标准、立足当前、规划长远的原则设计，系统根据生态环境部工作需要及环境条件开发，并充分预测发展趋势。系统充分利用已有研究成果和已建立系统及相关数据。系统在建设中充分考虑利用已有系统和数据的原则，对已有的支撑性应用软件系统通过系统集成或数据接口的方式将其纳入系统并提供良好的系统与数据接口，便于数据实时更新和系统间的平滑应用。系统遵循以实际管理业务的需要出发，在需求调研和系统设计上以用户的实际使用为原则，兼顾长远发展性，使系统能够支撑全局工作，满足环保局业务管理工作不断深化与发展，整个系统应该具备用户化，使系统上线即可投入使用。

（3）规范性与先进性并重

保证系统在技术上的规范性与先进性，使系统具有优良的性能。同时，要采用国家、行业信息化建设的有关标准规范，按照软件平台、数据库进行系统建设。所有软件系统统一标准、规范设计，统一数据入口，统一数据出口，充分共享，数据可被系统中任何处理环节使用，确保数据的完整性和一致性。系统结构灵活多样，不受业务流程、地理位置、操作习惯等外部环境的限制。利用成熟的技术，注重系统的兼容性、可维护性，确保前期投资的利用和保护。

（4）实用性与易用性结合

充分考虑系统的实用性和易用性，系统的操作界面要求尽量完备和简洁友好，要充分利用图像、图表等比较直观的技术，符合相关人员的操作习惯，并能提供实时、有效、准确的数据信息，为危废监管逐步提高决策的科学化和透明度提供支持。

（5）遵循易管理性和扩充性

系统具有开放的接口和灵活定制的功能，能实现对业务、图层、表单、人员、权限等的灵活定制。当业务的需求发生变化时，能在少量进行代码级、数据库级的改动情况下实现。除此之外，系统还具有强大的扩展能力，可以很方便地挂接其他已有系统和新开发的系统，并能与这些系统很好的融合，实现数据共享，并能适应发展的需要和满足不同的需求。

（6）界面设计友好、方便性

界面友好满足各级领导和业务人员的使用习惯，系统在设计过程中将充分利用图像等多媒体技术；利用统计图表以及模型技术，直观展示领导和业务人员所查询出的各个业务数据结果。系统的操作简便，操作界面的设计风格统一，便于操作员快速掌握系统操作方法；用户界面简单明了，操作方便，具有人性化特点。

（7）开放性与兼容性

各子系统的软件要模块化，并完全兼容第三方系统，以便系统将来改造、扩容、升级；各功能模块之间的通信采用标准通信协议而非专有技术；系统要求采用通用的数据库平台，通信平台统一使用主流成熟技术，系统构建灵活、开放的体系结构。

2. 系统总体目标

系统要服务于生态环境部统一的战略目标——提高生态环境保护管理和决策水平、质量与效率，实现业务管理的科学化、规范化、信息化。总体设计要做到面向全局、面向整个系统、面向未来，用系统工程的思想方法把握全局。系统总体设计以需求为牵引，注重科学性、实用性、先进性、可扩展性和安全性，做到系统的一体化设计和信息资源的集成化管理，遵循"统一规划、统一规范、统一建设、统一管理"的原则，不仅能支持现阶段的建设目标，还必须能在此基础上不断扩充完善，使之与后阶段的建设共同形成一个统一的整体，实现系统的总体战略目标。

12.3.2 技术路线及架构设计

1. 信息系统总体架构设计

信息系统总体框架分为两大体系、5 层结构。两大体系是指标准规范体系和安全保障体系。5 层结构是由用户层、应用层、支撑层、数据层、基础层组成。

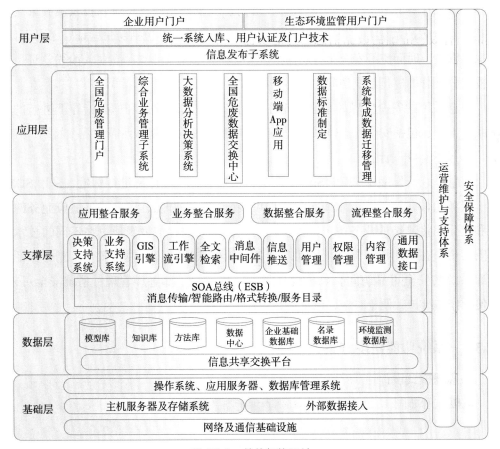

图 12.1 总体架构设计

（1）信息系统标准和规范体系设计

标准规范体系是系统实现互联互通、信息共享、业务协同的基础。在整个系统建设过程中，必须严格按照标准规范体系中制定的相关标准（如信息技术标准、信息接口标准和信息服务标准等）进行操作。

为了实现系统数据资源的有效共享，保证各个业务系统整体的协调性和兼容性，发挥系统的整体和集成效应，有必要制定完整配套的反映标准系统类别和结构的标准化体系。

系统标准化体系应采用系统科学的理论和方法，在严格参照与遵循国家、地方、行业相关规范和标准的基础上，结合环保政务业务的实际情况，制定适用的、开放的、先进的标准化体系，满足环保信息化网络建设的要求。

（2）信息系统安全和保障体系设计

信息系统采用的主要技术是公钥基础设施（PKI）技术，结合传统的信息安全防御手段，为系统提供各种安全服务和访问控制，建立一个通用的、高性能的安全平台。系统安全体系包括证书认证服务、密钥管理及密码服务系统、授权服务系统以及基本安全防护系统等，提供贯穿整个系统的安全服务，包括身份验证、不可否认、数据保密性、时间戳等安全服务功能。安全体系的核心是以统一的 CA 身份认证，按照授权分级分类进行系统访问。

信息系统的安全保障体系建设是在适当的信息安全体系和框架指导下进行的一项系统工程，包括安全管理体系、安全防护体系、响应恢复体系等。

2. 技术路线设计

信息系统开发基于 J2EE+Spring 框架，按照 B/S 三层体系进行构建，采用 SOA，基于服务组件化和工业流水线服务组件可装配式软件开发，以此具备适应业务的扩展和变化。将复杂的业务逻辑、流程控制逻辑和数据存取逻辑通过在不同的技术层面上实现，在应用服务器之上，实现业务逻辑的快速部署和灵活调整，充分保证数据库系统的安全可靠访问。系统具有跨平台性、便于部署和管理、系统安全可靠、方便操作与维护；便于实施，成本适宜、性能良好。

12.3.3　系统功能建设方案

1. 监管模式设计

危废监管如图 12.2 所示。

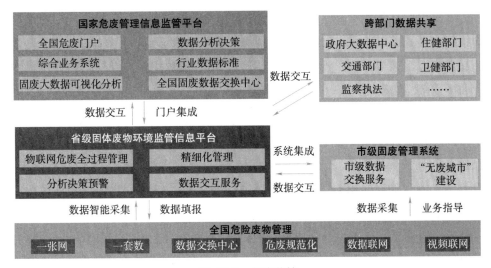

图 12.2　危废监管

2. 全国危废监管门户

（1）全国企业端危废监管门户

产废单位门户主要为产废单位进行相关固废业务办理、信息申报填报、通知通告接收等事项办理提供一个统一的、集中的入口平台。为产废单位建立一个专门的应用门户，提供产废单位进行企业信息登记维护、云申报、固废知识学些培训等业务外网申请办理的入口，以及与环保部门互动、接收通知公告、查看业务申报办理状态、查看处理结果情况的端口。

①账户申请。产废单位登录系统，首先需网上申请注册，在系统中登记填写企业名称、组织机构代码、统一社会信用代码、企业所属类型、联系人、联系人手机号码等基本信息，经固废管理部门审核通过后，分配账号、原始密码。

②通知公告集成。产废单位门户将集中展示产废单位每天接收到的通知公告，产废单位进入门户即可查看到环保部门发布的固废相关新闻和活动动态。

③待办任务集成。产废单位门户将集中展示产废单位每天需要办理的任务，如台账申报任务、废物申报登记任务等，产废单位进入门户即可查看到每天需要办理的任务，提醒企业进行信息填报或业务申办。

④办结任务查询。提交申报后，产废单位可通过门户对办理固废管理部门的审核审批办理状态进行查询、办理结果接收、信息查询。

⑤综合业务办理入口。产废单位在系统中输入账户和密码登录系统，即可在平台进行相关危废业务的申报备案，填写申报表格、上传附件。对废物的出库和入库进行登记办理，形成库存台账。

产废单位门户集中展示产废单位每笔联单信息动态，产废单位进入门户即可查看到目前内部已经在进行的联单，查看到每笔联单的状态。

⑥操作指引教学中心。产废单位应用门户可集成提供产废单位其他应用操作入口，如账户密码修改等。

（2）全国监管端危废监管门户

为固废管理部门建立统一的应用门户，将产废单位、经营单位、运输单位外网申报的业务流转至内网门户进行统一管理、快速便捷审批办理，实现对产废单位、运输单位、经营单位的相关信息的统一查看，实现对危废产生情况、转移情况、处置情况数据信息的统一管理和分析应用。

①通知公告集成。门户上集成展示用户接收到的固废相关通知通告、活动动态、宣传文件等。

②账户审批入口。提供用户进行企业账户申请审批的入口，用户可对企业填报的账号信息进行审核、检查、比对，确认符合要求则审核通过，系统自动分配账户给企业，审核不通过，则拒绝企业申请，企业需重新提交申请。

③待办任务集成。管理部门工作人员登录系统，系统将企业外网提交的账户申请信息自动流转到相关责任人工作门户，形成待办任务列表，固废管理部门用户登录系统门户即可查看到当前需要办理的任务信息。对于超期或将近超期的任务，将闪烁预警。

④已办任务集成。管理门户将集成展示用户已经办理完成的任务列表，固废管理部门用户登录系统门户即可查看到历史已经办理完的任务信息。

⑤综合数据查询入口。提供用户进行各类固废事项审核审批办理的入口，对于企业外网提交的企业基本信息、危险废物申报登记表、危废产生、经营情况登记表等申报信息，系统自动流转至相关责任人工作门户，工作人员在系统中可进行信息的查询、修改、编辑、删除等操作，可进行审核通过或退回要求企业重新申报等操作。

⑥综合汇总统计入口。管理门户将集成展示固废业务相关数据统计信息，如各类企业数量规模、管理计划数量、转移计划数量、联单数量等，固废管理部门用户登录系统门户，无须进入功能模块中即可查看到关键的、综合的固废统计数据。

⑦大数据分析决策入口。管理门户将集成展示固废大数据分析决策信息，如各类企业数量分析、管理计划分析、转移计划分析、联单分析等，固废管理部门用户登录系统门户，无须进入功能模块中即可查看到关键的固废数据分析决策数据。

⑧数据监控中心入口。管理门户将集成展示固废数据对接监控情况数据信息，对应各类数据对接接口运行情况监控、对接数据概览等，固废管理部门用户登录系统门户，无须进入功能模块中即可查看到数据交换相关数据情况。

3. 物联网管理子系统

编制危险废物标识管理和物联网信息系统建设技术规范。通过物联网、二维码、空间定位等技术，开发典型地区工业危险废物台账管理移动互联网应用软件，具备对危险废物台账数据、危险废物标识管理、转移路线定位跟踪等功能。选择有条件的典型地区开展工业危险废物产生源台账数据分析软件和移动互联网应用软件的试点应用。逐步实现典型地区工业危险废物产生、转移、处置全过程的可追溯、可跟踪、可预警、可展示。

（1）产生源台账数据采集模块

产生源台账数据采集模块具备台账数据录入、校核、采集等功能，实现台账数据的采集和入库。依据《危险废物规范化管理指标体系》《危险废物转移联单管理办法》等标准规范，根据危险废物产生后不同的管理流程，在产生、贮存、利用、处置等环节建立有关危险废物的台账记录表（或生产报表）。如实记录危险废物产生、贮存、利用和处置等各个环节的情况。对需要重点管理的危险废物（如剧毒废物），可建立内部转移联单制度，进行全过程追踪管理。对于危险废物产生频繁，每批均进行记录负担过重的情形，如果从废物产生部门到贮存库／场的过程可以控制，有效防止废物非法流失，则在批量完成后进行统一和分类统计。在危险废物产生环节，可以按重量、体积、袋或桶的方式记录危险废物数量。危险废物转移出产生单位时或在产生单位内部利用处置时，原则上要求称重。

定期（如按月、季或年）汇总危险废物台账记录表（或称生产报表），形成周期性报表。报表应当按所产生危险废物的种类反映其产生情况以及库存情况。按所产生危险废物的种类以及利用处置方式反映内部自行利用处置情况与提供和委托外单位利用处置情况。汇总危险废物台账报表，以及危险废物产生工序调查表及工序图、危险废物特性表、危险废物产生情况一览表、委托利用处置合同等，形成完整的危险废物台账。

系统产生源台账数据采集模块功能主要包括危险废物入库管理、危险废物出库管理以及危险废物台账管理 3 部分。危险废物出入库管理按照管理规范标准每日记录危险废物产生、贮存、处理的流水台账，而危险废物台账管理按照管理规范标准统计每月危险废物信息。

（2）产生源台账数据分析模块

对产生源台账数据进行综合查询和统计分析，可通过不同条件进行单独或组合查询，对数据按照分类、地区、时间、行业等条件进行汇总统计。

如图 12.3 所示，操作用户通过选择行政区划、年份、月份等字段，可按照各省份统计、各废物类型统计、各行业类型统计等条件危险废物产生源台账。

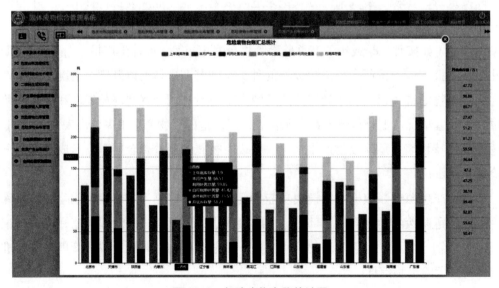

图 12.3　危险废物产生源台账

如图 12.4 所示，系统支持将危险废物统计分析结果以柱状图、曲线图等方式展示。

图 12.4　危险废物台账统计图

（3）移动互联网 App 软件

移动互联网 App 软件通过物联网、二维码、空间定位等技术，开发典型地区工业危险废物台账管理移动互联网应用软件，具备对危险废物台账数据、危险废物标识管理、转移路线定位跟踪等功能。

（4）二维码生成和识别模块

二维码生成和识别模块是危险废物开展物联网监管的重要功能，其根据一般工业固废的分类、来源、特性等信息，利用通用的二维码编制标准，自动生成二维码。对生成的二维码建立相对应的识别模块。

在系统中，危险废物监管可通过二维码技术实现对企业基本信息、危废基本信息、危险废物出入库、运输车（船）信息、危险废物转移联单信息等关键数据信息自动生成二维码，利用移动端 App 扫码功能可快速识别二维码对应的信息数据。

如图 12.5 所示，在"二维码生成"管理界面中，操作用户在"二维码管理"栏中可根据需求新建二维码模板信息，并可对已生成的二维标识进行管理，包括编辑、删除、预览操作等。在"记录管理"栏中可对二维码的使用记录进行汇总。

二维码识别管理主要应用在移动互联网 App 软件，包括危险废物入库、出库管理、危险废物收运管理、危险废物溯源管理等。

图 12.5　二维码管理界面

（5）空间位置识别跟踪模块

空间位置识别跟踪模块利用 GPS、北斗导航等技术，开发空间位置识别和跟踪模块，实现实时跟踪和展示。空间位置识别跟踪模块主要包括车辆位置监控管理、废物转移迁徙分析两部分功能。

（6）危险废物标识管理和物联网建设技术规范

将结合危险废物标识管理有关要求，结合二维码等信息化技术，编写危险废物标识管理信息化技术规范。结合一般工业危险废物物联网建设经验和管理要求，编制一般工业固废物联网建设技术规范。

如图12.6所示，操作用户可在系统中对各类危险废物标识管理和物联网建设技术规范进行管理和在线查阅。

图 12.6 废物标识管理

（7）危险废物规范化管理子系统

建设"危险废物（含医疗废物）经营单位、产生单位规范化管理指标及抽查表"栏目，由企业通过系统进行规范化管理自评打分，并实现分数查询、统计等功能。并要求企业上传规范化管理有关资料以备查备案：环评报告、验收批复、处置合同、经营许可证、应急预案、演练记录、监测报告、培训资料、经营情况报告等。

危险废物规范化管理指标体系依据《中华人民共和国固体废物污染环境防治法》《危险废物经营许可证管理办法》《联单办法》《危险废物焚烧污染控制标准》（GB 18484—2020）《危险废物贮存污染控制标准》（GB 18597—2001）《危险废物填埋污染控制标准》（GB 18598—2019）等法律法规和标准制定，主要包括危险废物识别标志设置情况，危险废物管理计划制订情况，危险废物申报登记、转移联单、经营许可、应急预案备案等管理制度执行情况，贮存、利用、处置危险废物是否符合相关标准规范等情况等。

4.危险废物监管信息数据平台

系统在建设过程中考虑已建、在建、拟建、未来建设的系统提供所需的数据服务接口，同时与生态环境部大数据信息资源中心，以及其他共建部委进行数据共享、交换，建立起一套完善的数据实时共享和更新机制。根据数据源特点提供统一的数据接口，制定统一的数据传输与交换体系。

（1）数据接口

依据《国务院关于印发政务信息资源共享管理暂行办法的通知》（国发〔2016〕51号）、《政务信息系统整合共享实施方案》、《环境保护部政务信息资源共享管理暂行办法》（环办厅函〔2018〕284号）、《环境信息共享互联互通平台总体框架技术规范》（HJ 718—2014）等文件要求和标准技术规范，按照系统总体框架及其共享集成的模式方法设计开发，通过接口实现与上述信息系统数据库直接访问，根据业务需求对数据进行关联分析应用。

①数据接口配置管理

图 12.7 所示为"数据接口配置"界面，界面左侧为数据共享和交换接口列表模块，展示所有完成对接的信息系统项，如全国危险废物管理系统、省级自建管理系统、国家排污许可证系统、环境统计数据等。

界面右侧为对数据共享和交换接口的配置管理功能，可该模块的展示列表级别顺序进行调整，以及模块域、数据接入类型、数据接入参数等进行设置，还支持 SQL 语句查询。

图 12.7　数据接口管理界面

②数据接口配置设定

在图 12.7 中单击"接口配置"按钮，可对各类数据共享和交换接口进行基础配置管理，也可新建数据共享和交换接口，如图 12.8 所示。

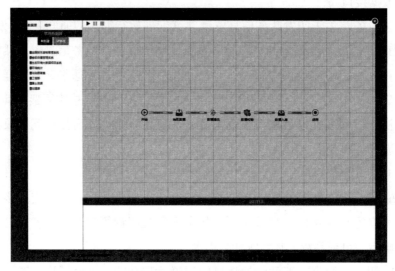

图 12.8　接口配置管理界面

在图 12.8 中单击"新建"按钮可弹出"新建数据共享和交换接口配置"界面，操作用户可通过图形化拖拽的方式快速完成各项参数设定，如图 12.9 所示。连接类型支持数据库直接访问和接口访问两种方式，数据库类型支持 MS SQL Server、Oracle、MySQL、Hive 等多种主流关系型存储数据库。

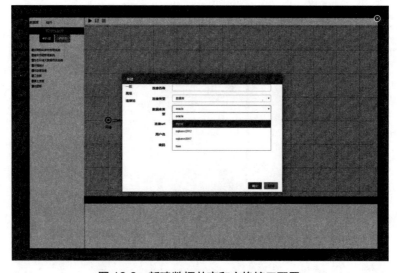

图 12.9　新建数据共享和交换接口配置

在数据源配置完成后可通过拖拽方式设定抽取数据、数据清洗、数据校验、数据入库等各过程环节的配置。如图 12.10 所示,在配置流程图中单击"抽取数据"按钮,弹出改节点配置界面,操作用户可对数据源、执行 SQL 参数等进行设定和修改。

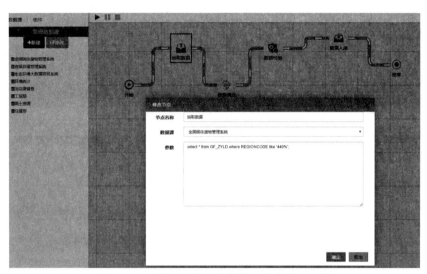

图 12.10 数据共享和交换接口节点流程配置

数据接口配置的各项节点配置完成,单击界面上方的三角执行按钮,即可开始执行该项数据共享和交换业务。界面下方以滚动方式展现该业务执行日志信息,如图 12.11 所示。

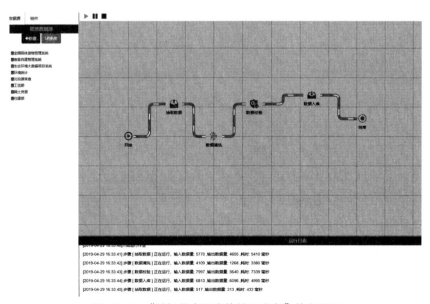

图 12.11 "数据共享和交换接口业务"执行界面

（2）技术规范

在总体目标要求、总体技术要求、各项技术标准的基础上编制包括数据接口、数据交换、数据共享、数据安全等技术规范和相关要求，并通过建立上述标准规范，实现对数据库结构、对接方式、数据交换方式、数据交换频率、接口安全性要求等技术规范文件。

如图 12.12 所示，操作用户可在系统中对各类接口技术规范进行管理和在线查阅。

编制技术规范主要包括以下内容：

①编制目的。本规范旨在通过建立包括数据接口、数据交换、数据共享、数据安全等技术规范和相关要求，为危险废物监管信息数据平台提供共享和交换技术标准。

②适用范围。概述技术规范适合的使用范围，说明适用危险废物监管数据平台共享和交换活动。

③规范性引用文件。介绍本指引中引用的相关标准文件。

④术语和定义。对于术语和定义的解释。

⑤缩略语。对于缩略语的说明。

⑥技术规范总则。概述技术规范在危险废物监管信息化当中的作用和要求。

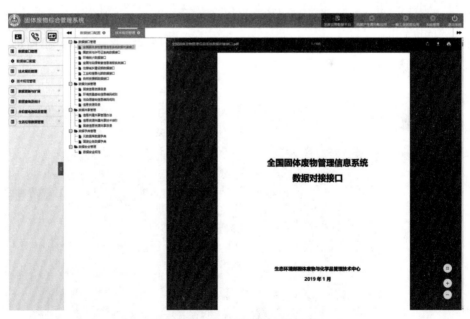

图 12.12　"技术规范管理"界面

⑦数据接口标准。

• 接口访问总体架构。数据库通过两种方式提供数据接口访问：一种是数据库访问接口；另一种是 Web 服务接口。具体用框架图来描绘数据接口的步骤和层次。

• 数据库访问接口标准。数据库层面的数据访问，主要是利用数据库平台本身的接口和工具，配置相应的数据库访问适配器，从而完成从数据库与业务应用系统数据库之间的数据交换。具体技术路线上，一般采用数据库 ETL 工具，直接在数据库之间进行数据的抽取、转换和加载，从而完成数据的访问和交换。此种情况比较适合如下场景：能直接访问数据库，同时需要大量数据的交换场景。

具体描述数据接口访问技术规范要求。

• Web 服务接口标准。提供各种 Web 服务，以实现与业务应用之间的数据访问和交换。此种情况适合如下场景：不能直接访问数据库，同时交换数据量较小。

具体描述 Web 服务接口访问技术规范要求，可参照 Web Service 技术需求说明编写规范。

⑧数据交换标准。按需求说明数据交换的内容，数据交换的方式，以及具体描述数据实现与业务应用之间的数据交换技术标准规范。例如 Web Service 技术交换方式、消息中间件技术交换方式、文档交换方式等交换标准。

⑨数据共享标准。按需求说明数据共享的内容，数据共享的方式，以及具体描述数据实现与业务应用之间的数据共享技术标准规范。例如 Web Service 技术共享方式、数据采集共享方式、中间库共享方式等共享标准。

⑩数据安全标准。主要描述数据共享交换过程中的安全要求。

数据安全标准应按照相关的标准规范，提供应用程序接口、服务程序接口、安全支撑运行环境、安全审计功能，将特定安全技术的实现与应用分开，实现安全产品的即插即用。安全支撑系统应提供标准的、开放的安全接口，实现和不同安全产品的对接，完成统一的用户认证和授权管理，满足平台安全服务以及各类应用系统安全访问的需要。

⑪涉及公共代码分类。描述数据共享和交换标准中涉及公共代码分类项。

（3）数据自动更新与扩展

系统建设完成"全国危险废物管理系统"数据更新模块、省级自建管理系统数据更新模块、生态环境大数据系统数据更新模块、环境统计数据更新模块、污染源普查数据更新模块、外部部委数据更新模块。如果上述信息系统进行数据更新，包括数据量增加、数据范围扩大、数据结构变化等情况，可通过数据更新模块快速实现在系统的对应调整。

如图 12.13 所示，在"数据接口配置"界面中，在界面左右选择相应的信息系统接口，单击"配置字段"按钮可进入"数据字段扩展更新管理"界面。

图 12.13　数据接口配置管理

如图 12.14 所示，在"数据更新与扩展"界面中，操作用户可查询当前信息系统接口已配置的数据字段、列头字段，例如可选择修改已配置的统计年份、行政区域、企业名称等字段的 SQL 配置语句、组件类型、排序、运算逻辑等字段列头信息。

图 12.14　"数据扩展更新管理"界面

在图 12.14 单击"添加"按钮，可新建数据项字段、列头字段，如图 12.15 所示：

图 12.15　新建数据项字段信息

如图 12.16 所示，操作用户完成数据自动更新与扩展配置后，可通过数据交换服务名称、所属部门、交换类型等查询数据日志。

	交换类型	交换服务名称	交换方式	交换频率	所属部门	数据量	状态	操作
1	增量	全国固体废物管理系统接口	接口	15号3点/每月	信息中心	5 687	⊖	[修改] [启用
2	增量	工业危废产生单位信息	接口	10:30/每天	监测站	73 462	⊘	[修改] [禁用
3	增量	工业危废利用处置单位信息	接口	9:30/每天	信息中心	1 674	⊘	[修改] [禁用
4	增量	工业危险废物收集单位信息	接口	15号11点/每月	监测站	2 386	⊘	[修改] [启用
5	增量	危险废物申报登记数据	接口	暂停	信息中心	31	⊘	[修改] [启用
6	增量	危险废物转移联单数据	接口	10:10/每天	信息中心	51 865	⊘	[修改] [禁用
7	全量	危险废物管理计划数据	接口	9:20/每天	技术中心	79	⊘	[修改] [禁用
8	全量	危险废物经营许可证数据	接口	9:40/每天	技术中心	3 518	⊖	[修改] [启用
9	增量	危险废物经营年报数据	接口	20分/小时	监测站	1 311 251	⊘	[修改] [禁用
10	全量	省级自建管理系统接口	接口	10:20/每天	监测站	52	⊖	[修改] [启用
11	增量	各省危险废物申报登记数据	接口	10:50/每天	监测站	10 489	⊘	[修改] [启用
12	全量	各省危险废物转移联单数据	ETL	10:00/每天	总量处	34 838	⊖	[修改] [启用
13	全量	各省危险废物管理计划数据	ETL	16:35/每天	辐管处	13 214	⊘	[修改] [禁用
14	全量	各省危险废物经营许可证数据	ETL	18:20/每天	固废中心	350 190	⊘	[修改] [禁用
15	全量	各省危险废物经营年报数据	ETL	06:10/每天	机控处	2 174	⊘	[修改] [禁用
16	全量	国家排污许可证系统接口	ETL	05:10/每天	机控处	80 110	⊘	[修改] [禁用

图 12.16　数据扩展更新数据日志查询

（4）实时数据查询和展示

实时数据查询和展示主要功能包括数据查询统计模块、数据图表展示模块、地图展示模块、数据清理和校验模块。

①数据查询统计模块

系统通过共享和交换接口获取的相关信息系统数据都在数据查询统计模块进行展示，并可根据数据自动更新与扩展功能对查询统计的表结构进行调整和增加。

数据查询统计模块的内容包括但不限于（可根据系统实施要求进行增减）表12.1中所列。

表12.1　数据查询统计模块的内容

序号	查询统计功能	功能描述
1	企业注册资料查询	查询全国各省（市）危险废物监管企业基本信息，包括企业名称、组织机构代码、统一信用代码、法人、联系人、行业代码、所属省份、所属市、所属区、是否审核，以及企业一源一档信息等信息
2	危险废物产生信息查询	查询全国各省（市）监管企业的危险废物产生信息，包括单位名称、废物类别、废物代码、废物详细名称、主要成分、危险废物产生环节等信息
3	危险废物申报登记查询	查询全国各省（市）危险废物申报登记信息，包括单位名称、地市、区县、登记年份、上年贮存量、本年度产生量、自行利用处置量、年底库存量、委外处理量等信息
4	危险废物管理计划查询	查询全国各省（市）危险废物管理计划信息，包括年份、单位名称、管理计划类型，以及管理计划详细内容信息
5	危险废物转移联单查询	查询全国各省（市）危险废物转移联单信息，包括联单编号、废物大类、废物小类、废物名称、接收日期、处置方式大类、处置方式小类、运输日期、产生单位、运输单位、接收单位、数量，以及联单详细内容信息
6	危废跨省转移计划查询	查询全国各省（市）危废跨省转移计划信息，包括转移计划编号、转移计划类型、产废单位、接收单位、启动时间、截止时间，以及详细内容信息
7	危废经营许可证查询	查询全国各省（市）危废经营许可证信息，包括企业名称、许可证编号、核准经营方式、核准经营废物种类、核准经营规模、年度累计接收情况、有效期开始时间、有效期结束时间、年报状态、是否完成指标拆分，以及详细内容信息
8	危废经营情况月报查询	查询全国各省（市）危废经营情况月报信息，包括单位名称、年份、月份、上月底贮存量、当月接收量、当年累计接收量、当月利用处置量、当年累计利用量、当月二次转移量、当月月底库存量等信息
9	危废经营情况年报查询	查询全国各省（市）危废经营情况年报信息，包括单位名称、年份、经营单位类别、许可证编号、总产值、核准年经营总规模、实际经营规模（t）、实际接收数量（t）、发证日期等信息

续表

序号	查询统计功能	功能描述
10	危废转移联单数据统计	统计类型包括按省级转移联单情况统计、按市级转移联单情况统计、按危废大类统计重量信息、按处置方式统计重量信息、按省（市）和危险废物种类统计重量信息等
11	历史数据统计视图	按年费统计各省、各地市危险废物申报企业数量、危险废物申报登记数量、各类别危险废物产生量等信息
12	危废申报登记数据统计	按省（市）、废物类别、行业（大类）、行业（小类）、利用/处置/贮存处置方式大类、委外单位名称、委外单位处置方式大类等统计危险废物登记数据信息
13	危废经营情况月报统计	按行政区域统计全国各省直辖市，危险废物经营情况月度统计
14	危废经营年报统计	按行政区域统计全国各省直辖市，危险废物经营情况年度统计

如图 12.17 所示，在界面的右侧为根据数据共享和交换接口接入的数据信息查询统计功能模块，操作用户单击相应查询统计功能可对相关数据进行查询统计。

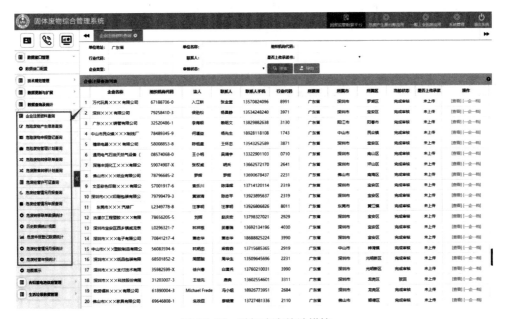

图 12.17　数据查询统计模块

如图 12.18 所示，系统还支持自定义查询统计功能设定，操作用户可按照数据集、数据仓库的各项字段，按照度量项、维度项等不同方式展现数据。

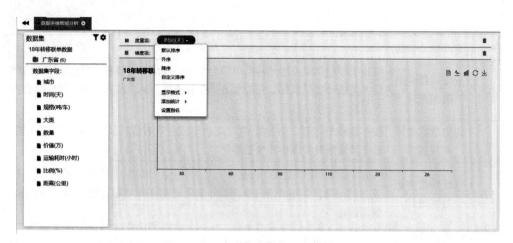

图 12.18　数据多维智能分析

②数据图表展示模块

在数据查询统计模块中支持对查询统计结果以图表方式展现，包括柱状图、曲线图、饼图等。

如图 12.19 所示，在"危险废物转移联单数据统计"界面中，操作用户输入统计类型、接收日期、运输日期等条件，单击"搜索"按钮，统计结果支持以列表和柱状图方式展现，并支持将统计结果导出为 Excel 文件格式。

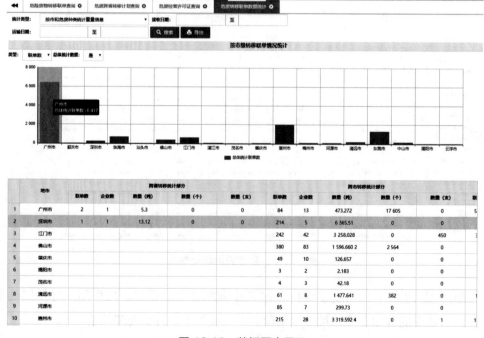

图 12.19　数据图表展示

③地图展示模块

系统基于全国地图数据可按照危险废物的空间属性展现和叠加不同的查询统计数据，包括全国产生源企业（工业废物产生源、非工业危废产生源、一般工业固废产生源等）、收集企业和处置企业等分布情况展示、全国危险废物转移联单情况展示、全国危险废物申报登记数据展示、按废物类型展示全国危险废物数据量情况等。

按废物类型展示全国各省特定废物数据统计信息，将鼠标指针移动至 GIS 地图上的统计图表，可展示当前该省份的企业数量、产废量、综合利用量、处置量、贮存量、委外处置量等相关信息。

在危险废物监管企业分布情况展示功能中，可按照工业危险废物产生源、非工业危险废物产生源、一般工业危险废物管理、危险废物经营许可证单位、豁免的利用处置单位等类型进行综合展示，单击 GIS 地图上图标，可展示该企业的基本信息。

④数据清理和校验模块

数据清理作业配置管理操作功能，通过配置管理完成各数据项的配置和 SQL 语句配置，操作用户单击执行作业后，即可在如图 12.20 所示的“数据清洗和校验”中，按照服务名称、所属部门、交换类型等条件查询各项作业执行结果信息，包括交换时间、交换类型、交换服务名称、交换方式、输入数据量、清洗剩余、校验剩余、耗时（秒）等信息。

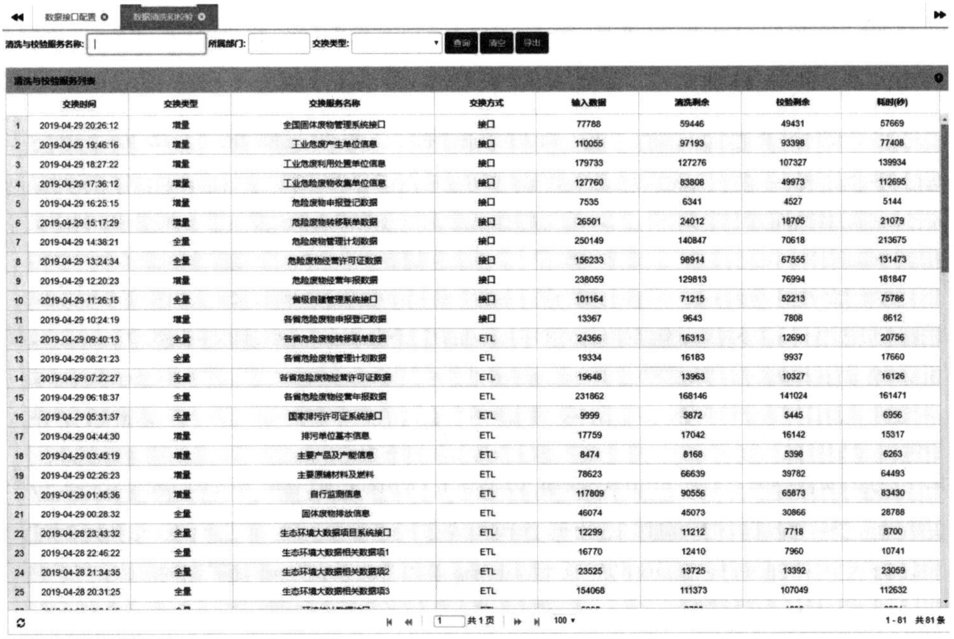

	交换时间	交换类型	交换服务名称	交换方式	输入数据	清洗剩余	校验剩余	耗时(秒)
1	2019-04-29 20:26:12	增量	全国固体废物管理系统接口	接口	77788	59446	49431	57669
2	2019-04-29 19:46:16	增量	工业危废产生单位信息	接口	110055	97193	93398	77408
3	2019-04-29 18:27:22	增量	工业危废利用处置单位信息	接口	179733	127276	107327	139934
4	2019-04-29 17:36:12	增量	工业危险废物收集单位信息	接口	127760	83808	49973	112695
5	2019-04-29 16:25:15	增量	危险废物申报登记数据	接口	7535	6341	4527	5144
6	2019-04-29 15:17:29	增量	危险废物转移联单数据	接口	26501	24012	18705	21079
7	2019-04-29 14:38:21	全量	危险废物管理计划数据	接口	250149	140847	70618	213675
8	2019-04-29 13:24:34	全量	危险废物经营许可证数据	接口	156233	98914	67555	131473
9	2019-04-29 12:20:23	增量	危险废物经营年报数据	接口	238059	129813	76994	181847
10	2019-04-29 11:26:15	全量	省级自建管理系统接口	接口	101164	71215	52213	75786
11	2019-04-29 10:24:19	增量	各省危险废物申报登记数据	接口	13367	9643	7808	8612
12	2019-04-29 09:40:13	全量	各省危险废物转移联单数据	ETL	24366	16313	12690	20756
13	2019-04-29 08:21:23	全量	各省危险废物管理计划数据	ETL	19334	16183	9937	17660
14	2019-04-29 07:22:27	全量	各省危险废物经营许可证数据	ETL	19648	13963	10327	16126
15	2019-04-29 06:18:37	全量	各省危险废物经营年报数据	ETL	231862	168146	141024	161471
16	2019-04-29 05:31:37	全量	国家排污许可证系统接口	ETL	9999	5872	5445	6956
17	2019-04-29 04:44:30	增量	排污单位基本信息	ETL	17759	17042	16142	15317
18	2019-04-29 03:45:19	增量	主要产品及产能信息	ETL	8474	8168	5398	6263
19	2019-04-29 02:26:23	增量	主要原辅材料及燃料	ETL	78623	66639	39782	64493
20	2019-04-29 01:45:36	增量	自行监测信息	ETL	117809	90556	65873	83430
21	2019-04-29 00:28:32	全量	固体废物排放信息	ETL	46074	45073	30866	28788
22	2019-04-28 23:43:32	全量	生态环境大数据项目系统接口	ETL	12299	11212	7718	8700
23	2019-04-28 22:46:22	全量	生态环境大数据相关数据项1	ETL	16770	12410	7960	10741
24	2019-04-28 21:34:35	全量	生态环境大数据相关数据项2	ETL	23525	13725	13392	23059
25	2019-04-28 20:31:25	全量	生态环境大数据相关数据项3	ETL	154068	111373	107049	112632

图 12.20 数据清理作业信息查询

• 对内关联分析。危险废物综合管理分系统的内部输入数据包括"全国危险废物管理信息系统"、环境统计、污染源普查、环境执法等。输出数据为危险废物监管数据、危险废物产生源台账数据，以及一般工业危险废物数据分析产品（图 12.21）。

图 12.21　系统关联分析技术框架

在"对内关联分析"界面中，操作用户可通过界面左侧选择不同内部数据源，包括全国危险废物管理系统、省级自建管理系统、生态环境大数据系统系统、环境统计数据、污染源普查数据、排污许可数据等。在界面右侧通过 GIS 地图展示出全国危险废物产生台账、危险废物申报登记统计分析结果信息；利用 BI 分析图表展现危险废物监管数据、危险废物产生源台账数据、各省份数据增长情况、一般工业危险废物数据分析。

操作用户单击数据源树状列表下方"输出分析报告"按钮，可将分析结果导出为 PDF 分析报告。

• 对外关联分析。危险废物综合管理分系统的外部输入数据主要来自工业和信息化部、国土资源部、住建部等共建部委掌握的一般工业危险废物产生、综合利用等相关数据。输出数据为危险废物数据分析产品。

操作用户单击数据源树状列表下方"输出分析报告"按钮，可将分析结果导出为 PDF 分析报告。

第13章

危险废物视频监管系统

13.1　系统建设背景

新修订的《固废法》已于2020年9月1日正式实施，我国危废业务监管面临着新形势、新要求。新《固废法》明确新形势下国家推行绿色发展方式、促进清洁生产和发展循环经济新要求。

新《固废法》侧重于：

（1）基于全生命周期和生产者责任延伸制度，全产业链协同治理危险废物。

（2）基于水、气、土壤、危险废物多环境要素，全要素系统推进危险废物污染防治。

（3）基于重点问题，建立以市场为导向的全主体多元协同共治体系。

（4）基于新基建和"无废城市"建设契机，加快危废应急处置设施建设。生态环境部印发的《全国危险废物专项整治三年行动实施规划》（环办固体函〔2020〕270号），针对危险废物整治出台了专项行动计划。

13.2　系统建设目标

通过智能化、大数据等先进视频监控技术手段，全面落实危险废物申报登记制度，动态掌控危险废物的区域分布特征和产生种类、数量、处置流向等情况，具备纵向与省（市）业务应用系统互联互通，横向与相关部门信息系统数据共享，实现危险废物从产生到处置的全过程信息化监管。

13.3　视频感知场景

13.3.1　产废企业危废在处置前的收集存储及管理

国家监管要求对暂时不能利用的危废在处置之前，进行规范化的收集存储管理。要求建设贮存设施、场所，安全分类存放。危废贮存设施根据贮存废物的不同，有不同的执行标准；通常情况下都会设置专用场地，防止有毒有害危废，防止扬散、防流失、防渗漏、防雨等措施，堆放场地设立环境保护图形标志。产废企业物联感知重点场景为危废暂存库（一般包括 5 个区域，可燃危废贮存区、物化危废贮存区、固化危废贮存区、毒性废物贮存区和进场危废暂存区）、暂存库出入口、暂存库周界围墙防护栏、危废装卸区及产废企业出入口。物联感知重点在危废物品监管、作业人员车辆识别监管、预防火灾，可会发性气体扩散、有毒气体泄漏等方面。

1. 危废暂存库

通过暂存仓库信息建设，通过门禁、视频、称重、电子标签、在线气体监测设备，对产生单位的危险废物仓库进行管理，规范危险废物分类、分区域暂存行为（图 13.1）。

图 13.1　危废暂存库

2. 库房出入口

（1）全景视频监控

在暂存库房出入口布设 AI 开放平台摄像机实现全景视频监控，200 万像素高清摄像机，能清晰记录危废入库、出库行为和人员操作规范性。

图 13.2　视频监管系统示意

图 13.3　库房内部视频示意

3. 库房内部

暂存库存放和处理的都是各类危险废品，特性较为复杂，所以经常会有自燃或发生化学反应起火，进而产生重大火灾的风险，在暂存库内部布设热成像测温摄像机和 AI 开放平台摄像机，感知暂存库内危废堆放温度，实现温度异常预警，预防火灾发生，同时 AI 技术可清晰记录仓库内部所有位置危险废物变化情况，实现场景化智能识别。布设气体在线监测设备温湿度探测仪、甲烷探测仪、有毒气体探测仪，实时感知预防温湿度异常、可燃气体及有毒气体泄漏事件发生。

（1）热成像测温摄像机

库房内部布设测温摄像机，能够感知暂存库内危废堆放温度，实现温度异常预警，预防火灾发生。

（2）黑光半球摄像机

黑光半球摄像机能够在弱光环境暂存库进行识别。

基于视网膜成像原理，采用双 sensor 架构和双光融合技术，提供卓越的图像视觉体验。在极低亮度下，呈现如在白昼中的彩色画质。

Smart 事件：支持越界侦测，区域入侵侦测，进入区域侦测，离开区域侦测，徘徊侦测，人员聚集侦测，快速运动侦测，停车侦测，物品遗留侦测，物品拿取侦测内置高效专利温和补光灯，告别光污染，保证夜间正常进行人脸抓拍，支持混合补光，人脸抓拍 $3 \sim 6\,m$，普通监控 $15\,m$。

（3）温湿度摄像机

温湿度摄像机能够感知库房内部温湿度变化。

4. 装卸区

装卸区为产废企业装卸危废的场景，布设微卡口实现装卸作业全景视频监控，能清晰记录装卸过程，抓拍驾驶员和运输车辆车牌号码等信息（图 13.4）。

全景视频监控，200 万像素高清摄像机，能清晰记录危废装卸区作业行为和人员操作规范性，能够识别车牌和人脸。

（1）人脸抓拍模式：可配置支持对区域内人脸进行检测、跟踪、抓拍、评分、筛选，输出最优的人脸抓拍图片。

（2）车辆：车牌识别（民用车牌、警用车牌、军牌和武警车牌、2002 式新车牌及新能源车牌）、子品牌识别、车身颜色识别、车型识别。

图 13.4　装卸区监控

5. 围墙防护栏隔离区

暂存库围墙防护栏等周界场景布设全景黑光摄像机，实现全天候全景视频监控，预防非法入侵及不当操作行为引起的危废丢失、失火等潜在风险（图 13.5）。

图 13.5　围墙防护栏隔离区

6. 产废企业出入口管理

产废企业出入口是产废和运输流程的交接环节，需要对出入车辆、车辆司机、危废重量等信息进行监管（图 13.6）。

图 13.6　产废企业出入口

（1）车辆抓拍摄像机

车辆抓拍摄像机用于出入口车辆识别。

①车辆：车牌识别（民用车牌、警用车牌、军牌和武警车牌、2002 式新车牌及新能源车牌）、子品牌识别、车身颜色识别、车型识别。

②非机动车抓拍识别：车型识别、特征识别（性别、拎东西、背包、衣袖、裤裙、戴帽子、戴口罩、发型、骑车、年龄段、遮挡、身体朝向、戴眼镜、骑车人数、上身颜色、下身颜色）。

（2）全局人脸抓拍机布设

全局人脸抓拍机布设用于出入口人脸识别功能。

（3）地磅系统布设

地磅系统布设于产废企业出入口，可实现自动称重和磅单打印，可以在无人值守的情况下准确完成危废称重过程，利用室外 LDE 显示大屏显示重量、实现自动称重、自动语音报重、数据传输（图 13.7）。

图 13.7　地磅系统

13.3.2　运输车辆管理

危废监管需要对运输过程进行管理，包括运输单位、转移事件、车辆管理、人员管理等方面。通过布设车载视频、车载 GPS 和智能电子锁，对车辆信息、车辆轨迹及危废运输过程进行监管。

1. 车载 GPS

通过在危废运输车辆安装 GPS 设备对车辆监控，实时了解危废运输车辆的位置、速度、行驶状态等信息；可以实现就近调度、遇险报警和求救报警；可以了解车辆历史行驶状态；可以对车辆的工作情况进行数据分析统计，并形成统计报表。

2. 车载摄像机

车载视频车载网络摄像机和 NVR 实现对危废运输过程中车辆、人员的行为监管。车载监视采用 4G 无线传输，转移过程中全程移动视频、行驶轨迹监控，实现智能告警，对行驶轨迹偏离、行驶异常实时报警。

采用的设备是 200 万星光级智能车载半球网络摄像机（图 13.8）。

人脸抓拍：支持对运动人脸进行检测、跟踪、抓拍、评分、筛选，输出最优的人脸抓图，最多同时检测 10 张人脸，支持人脸曝光，支持背景大图字符叠加（设备编号、抓拍时间、监测点信息），支持最佳抓拍和快速抓拍 2 种抓拍模式，支持内置麦克风。

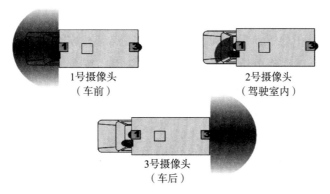

1号摄像头
（车前）

2号摄像头
（驾驶室内）

3号摄像头
（车后）

图 13.8　车载监控部署示意

3.智能电子锁

危废运输车辆配备智能电子锁，智能电子锁内置卫星定位模块，具有数据上传、远程控制、授权开关锁等功能，实现危废在运输过程中的安全，避免发生认为卸货等行为。

工业级智能电子锁，集成北斗 /GPS 定位技术、远程传输技术、短距离组网技术、微电控制技术、低功耗电源管理技术等技术综合应用。

13.3.3　处置企业

处置企业对收集的危废进行焚烧、填埋处理，需要对处置企业出入口、暂存库、物化车间、焚烧车间和填埋场进行监管。视频监控应在计重称重区、装卸区、贮存区、利用处置区等区域布设，实现危废及作业人员的管理。

1.处置企业出入口信息建设

通过出入口信息建设，通过摄像机、地磅、视频监控设备对出入车辆、车辆司机、危废重量等信息进行监管。

（1）车辆抓拍摄像机

车辆抓拍摄像机用于出入口车辆识别。

①车辆：车牌识别（民用车牌、警用车牌、军牌和武警车牌、2002 式新车牌及新能源车牌）、子品牌识别、车身颜色识别、车型识别。

②非机动车抓拍识别：车型识别、特征识别（性别、拎东西、背包、衣袖、裤裙、戴帽子、戴口罩、发型、骑车、年龄段、遮挡、身体朝向、戴眼镜、骑车人数、上身颜色、下身颜色）。

（2）全局人脸抓拍机布设

全局人脸抓拍机布设用于出入口人脸识别功能。

（3）地磅系统布设

地磅系统布设于处置产废企业出入口，可实现自动称重和磅单打印，可以在无人值守的情况下准确完成危废称重过程，利用室外 LDE 显示大屏显示重量、实现自动称重、自动语音报重、数据传输。

地磅系统布设的主要功能是动态称重产品。

2. 处置暂存库信息建设

通过暂存仓库信息建设，通过门禁、视频、称重、电子标签、在线气体监测设备，对产生单位的危险废物仓库进行管理，规范危险废物分类、分区域暂存行为。

3. 库房出入口信息建设

在暂存库房出入口布设 AI 开放平台摄像机实现全景视频监控，清晰记录危废入库、出库行为和人员操作规范性；布设门禁系统智能识别进入库房人员身份，防止闲杂人员进入；布设称重一体机实现危废出入重量数据采集；布设电子标签智能终端实现危废出入数量、种类监管。

（1）全景摄像机布设

在暂存库房出入口布设 AI 开放平台摄像机实现全景视频监控，200 万像素高清摄像机，清晰记录危废入库、出库行为和人员操作规范性。

（2）人脸门禁识别系统

在暂存库布设人脸门禁系统智能识别进入库房人员身份，防止闲杂人员进入。设备支持 200 万像素双目摄像头，面部识别距离 0.2～3 m，支持照片视频防假；支持 5 000 张人脸白名单；支持 6 000 张卡片，50 000 条记录。

图 13.9　库房出入口

5. 库房内部信息建设

暂存库由于存放和处理的都是各类危险废品，特性较为复杂，所以经常会有自燃或发生化学反应起火，进而产生重大火灾的风险，在暂存库内部布设热成像测温摄像机和 AI 开放平台摄像机，感知暂存库内危废堆放温度，实现温度异常预警，预防火灾发生，同时 AI 技术可清晰记录识别仓库内部所有位置危险废物变化情况，实现场景化智能化应用。布设气体在线监测设备温湿度探测仪、甲烷探测仪、有毒气体探测仪，实时感知预防温湿度异常、可燃气体及有毒气体泄漏事件发生（图 13.10）。

图 13.10　库房内部

（1）热成像测温摄像机

热成像测温摄像机能够感知暂存库内危废堆放温度，实现温度异常预警，预防火灾发生。热成像：分辨率 160×120；焦距 2 mm；视场角：90°×66.4°；可见光：分辨率 2 688×1 520；焦距 2 mm；视频模式：双光融合；吸烟检测距离：3 m；温度异常报警功能，测温精度：±2℃或量程的 ±2% ℃（取最大值）；测温范围：−20～550℃。

（2）黑光半球摄像机

黑光半球摄像机能够在弱光环境暂存库进行识别。基于视网膜成像原理，采用双 sensor 架构和双光融合技术，提供卓越的图像视觉体验。在极低亮度下，呈现如在白昼中的彩色画质。Smart 事件：支持越界侦测，区域入侵侦测，进入区域侦测，离开区域侦测，徘徊侦测，人员聚集侦测，快速运动侦测，停车侦测，物品遗留侦测，物品拿取侦测内置高效专利温和补光灯，告别光污染，保证夜间正常进行人脸抓拍，支持混合补光，人脸抓拍 3～6 m，普通监控 15 m。

（3）温湿度摄像机

温湿度摄像机能够感知库房内部温湿度变化。200 万 1/3″ CMOS 超宽动态 ICR 日夜型半球型网络摄像机（含温湿度传感器）。支持 OSD 叠加温湿度信息；支持定时上报当前的温湿度数据；支持设置温湿度上下限阈值信息；支持阈值超限报警。

（4）可燃气体探测器

可燃气体探测器能够检测库房内甲烷气体浓度。报警点：7%LEL±3%LEL；检测原理：半导体式；采样方式：自由扩散式；报警方式：声光报警。

（5）电子标签手持智能终端

电子标签手持智能终端也称为手持式智能扫码枪，用于危废标准包装管理。超高频手持阅读器，二维码扫描，带指纹识别；采用安卓7.0系统，集成4G全网通、Wi-Fi、蓝牙等4.0多种无线通信方式；条码扫描功能：支持2D条码的扫描；持UHF模块，配备高性能的天线，最大读写距离可达7m，远距离RFID数据采集更灵活。

6. 物化车间信息建设

物化处理是危险废物最终处置前的预处理。物理处理是通过浓缩等方法使废物的形态发生变化，以便于运输、贮存、利用或处置；化学处理是采用化学反应的方法使废物中的有害成分改变化学性质使之无害化，或转变成为适合进一步处理处置的形态。物化处理料坑是实际用于进行危险废物品的粉碎和预处理的场所，但由于存放和处理的都是各类危险废品，特性较为复杂，所以经常会有自燃或发生化学反应起火，进而产生重大火灾的风险。

布设热成像双光谱球机、热成像防爆设备，通过非接触方式检测物体温度，可以简捷、安全、直观、准确地查找、判断料坑等区域是否存在过热现象，同时可有效监测危废处置环节中的异常温升，并发出报警信息。

（1）气体监测

布设甲烷气体探测仪、实时监测车间气体浓度变化情况。

能够检测库房内甲烷气体浓度。报警点：7%LEL±3%LEL；检测原理：半导体式；采样方式：自由扩散式；报警方式：声光报警。

（2）温度监测

布设热成像双光谱球机、热成像防爆设备，通过非接触方式检测综合反应槽温度变化，预警过热现象发生。

200万1/3″CMOS超宽动态ICR日夜型半球型网络摄像机（含温湿度传感器）。

7. 焚烧车间信息建设

焚烧是危废处理的关键步骤，需焚烧处理的危废用专用容器和车辆运入焚烧车间，采用回转窑焚烧处理，经过二燃室焚烧后的烟气经过余热锅炉降温后，采用急冷塔快速降温，经干法洗涤后，进入袋式除尘器过滤降尘，烟气经湿法进一步脱酸后，烟气用蒸汽加热升温后，经烟囱达标排放。焚烧车间包括卸料间、破碎机室、待破碎废物暂存区、桶装废物暂存区、回转窑设备分区。焚烧过程中会有危险废物自燃或发生化学反应起火，进而产生重大火灾的风险，同时也会产生有毒气体扩散，可通过布设热成像双光谱球机、热成像防爆设备，通过非接触方式检测物体温度，可以简捷、安全、直观、准确地查找、判断料坑等区域是否存在过热现象，同时可有效监测危废处置环节中的异常温升，并发出报警信息，布设有毒气体探测仪监测有毒气体浓度变化情况。

（1）气体监测

布设有毒气体探测仪监测有毒气体浓度变化。气体监测采用可燃气体报警控制器。

（2）温度监测

布设热成像双光谱球机、热成像防爆设备，通过非接触方式检测综合反应槽温度变化，预警过热现象发生。

布设 AI 开放平台摄像机实现全景视频监控，清晰记录危险废物填埋场入场、出场行为，识别作业车辆、人员信息。

（1）车辆抓拍摄像机

车辆抓拍摄像机用于出入口车辆识别。

①车辆：车牌识别（民用车牌、警用车牌、军牌和武警车牌、2002 式新车牌及新能源车牌）、子品牌识别、车身颜色识别、车型识别。

②非机动车抓拍识别：车型识别、特征识别（性别、拎东西、背包、衣袖、裤裙、戴帽子、戴口罩、发型、骑车、年龄段、遮挡、身体朝向、戴眼镜、骑车人数、上身颜色、下身颜色）。

（2）全局人脸抓拍机

全局人脸抓拍机用于出入口人脸识别功能。

13.4 总体设计方案

结合国家、各地方政府最新的相关管理要求，建设前端物联感知设备，在关键节点实现视频数据、在线监测数据采集，整合横向及纵向的数据资源，将危险废物、医疗废物统一纳入管理范畴，并全面落实危险废物申报登记制度，动态掌控危险废物的区域分布特征和产生种类、数量、处置流向等情况，实现危险废物从产生到处置的全过程信息化监管。

13.4.1　设计思路

以危废监管为出发点，建造涵盖危险废物全种类全过程的管理采集系统。充分利用现有的信息化资源及数据资源，梳理分析危废监管完整的数据资源项，形成危废管理数据资源体系。根据危废监管面向的对象不同又将系统区分为环保管理版本和企业数据采集版本，不同版本均提供 PC 版和 App 版的多服务。再通过多接口服务衔接横向、纵向的数据资源，作为整个系统大数据分析、查询统计，以及一张图可视化的数据支撑。最终实现危险废物的全过程、全种类的精细化管控。

13.4.2　设计原则

（1）可靠性：系统应保证长期安全运行。系统中的软硬件及信息资源要满足可靠性设计要求，充分考虑利用现有设备，合理化地使用现有各种网络资源。

（2）标准性：系统采用的编码技术、网络通信协议和数据接口标准必须严格执行有关国家标准和行业标准。

（3）开放性：系统需要提供开放的接口能够和外部系统进行数据和业务的对接。要具有多机种、多平台的兼容性，系统在处理能力、数据存储容量、网络技术和数据接口等方面具有良好的互操作性和扩展性，以保证今后的扩展和已有设备的升级。随着技术的发展和信息的增多，系统能够平滑升级。

（4）成熟性：在注重先进性的同时，系统设计和开发平台应采用业界公认成熟，并有过类似系统建设的成功实施经验和相关成熟技术及服务。

（5）安全性：系统应具有切实可行的安全保护措施。保证数据传输可靠，防止数据丢失和被破坏，确保数据安全。

（6）容错性（健壮性）：系统应具有较高的容错能力，要有较高的抗干扰性，其包括用户进行了非法操作，相连的软、硬件系统发生了故障，其他非正常情况发生的故障下，系统仍能够正常运行。对各类用户的误操作要有提示和自动消除能力。

13.4.3 用户架构

用户架构如图 13.11 所示。

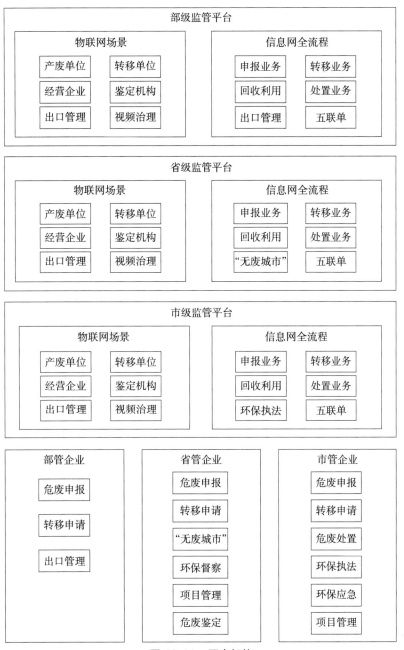

图 13.11 用户架构

用户架构共计分为 4 层，根据用户类型分为部级监管平台、省级监管平台、市级监管平台和企业用户。而 3 个平台业务又分为物联网场景监管和信息网全流程监管。

13.4.4 系统架构

系统架构设计基于用户业务需求，利用物联网技术、大数据及 AI 技术，构建危废污染环境防治信息管理系统，分 5 层设计，分别为感知层、基础层、数据层、应用层和展现层（图 13.12）。

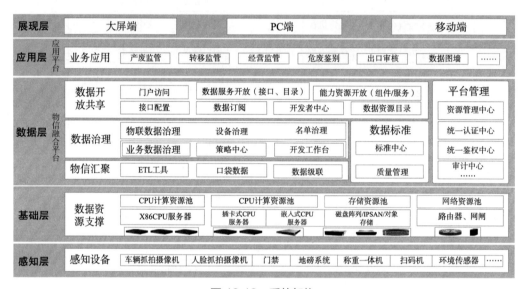

图 13.12　系统架构

1. 展现层

实现危废智能监管系统在大屏端、操作 PC 端和移动 App 端的展现及操作途径，满足危废监管业务中不同角色工作人员的需求。

2. 应用层

业务层包括产生单位管理模块、转移管理模块、经营单位管理模块、危废鉴别管理模块、出口审核管理模块及物联应用模块。

3. 数据层

数据层包括数据采集、数据治理和数据服务等功能模块。

危废数据包括业务数据和物联感知数据。业务数据涉及企业基本信息、危废申报计划、台账、运输车辆、处置量等数据。感知数据包括视频感知数据、地磅称重数据、GPS 轨迹数据、电子锁数据等类型。

提供业务功能模块与数据层与模型层核心区的连接，围绕数据库展开系统的信息处理、数据挖掘及统计分析等。数据层是实现信息服务、数据整合、数据分析、数据接入的支撑平台，提供各种专题数据库及数据采集、清洗、加工等工具。数据层的数据采集、数据清洗、数据计算等技术所采用的技术，包括数据处理、数据存储的基础组件、分析运算、挖掘分析、数据服务等。

4. 基础层

基础层是整个系统相关的硬件基础，包括监控中心，计算资源、存储资源及配套网络连接、数据中心运行必需的支撑设备。

5. 感知层

感知层包括不同类型视频摄像机、水质监测、有毒气体、可燃气体监测传感器、机动车 GPS 智能电子锁、扫码枪、地磅等设备，用于实时采集业务监管数据。

13.4.5 数据流向

危废业务数据分为两个部分：业务流程数据和物联感知数据。业务流程数据包括企业基本信息、产废企业数据、运输企业数据和处置企业业务数据；感知数据包括危废业务流程中关键节点的采集数据，包括视频数据、GPS 数据、称重数据、库房感知数据和电子标签数据。

数据流程包括申报、物联感知数据采集、数据输出、数据应用和数据共享，具体流程如图 13.13 所示。

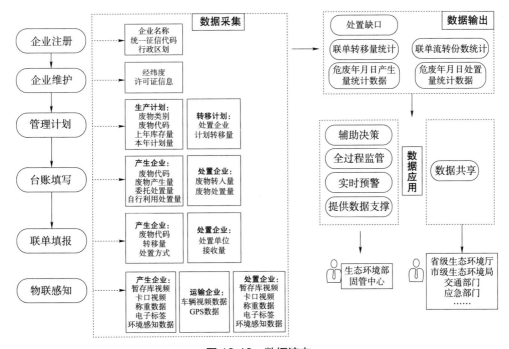

图 13.13　数据流向

13.4.6　网络架构

　　部级平台、省级平台和市级平台通过环保专网连接。产废企业和处置企业视频数据通过企业端互联网专线网络上传至监控平台。运输企业视频数据和电子锁数据通过 4G 网络上传到监控平台（图 13.14）。具体系统根据系统情况调整。

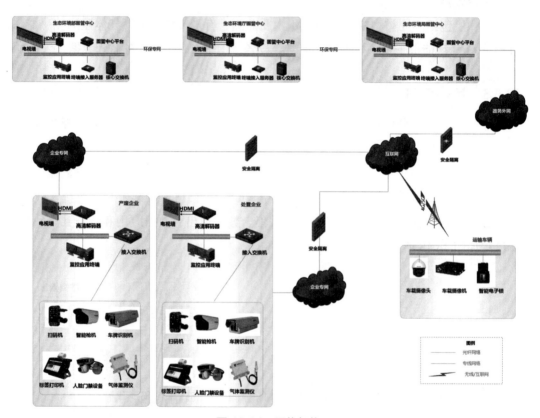

图 13.14　网络架构

13.5　监控中心

13.5.1　监控中心概述

　　危废监控中心包括企业监控中心和固管中心危废监控中心，是汇集危废管理的视频监控、物联感知设备等系统资源，将视频、物联感知等数据通过网络化进行传输、存储、共享，并根据授权进行远程调阅、查询，由开放的接口实现互联、互通、互控及其他多种应用。企业监控中心可实现企业内部危废收集、存储、运输、出入库等关键环节的监管服务。固管中心监控可实现监管全市危废业务的产废企业、运输企业及处置企业重点场景监管和业务全流程管理，可基于监控中心实现全市危废业务总览、一张图可视化、应急指挥等功能。

13.5.2　监控中心组成

危废监控中心由解码控制系统、大屏显示系统、数据图墙系统、拼接控制系统、操作台、监控工位及必备的中心网络设备等组成（图 13.15）。

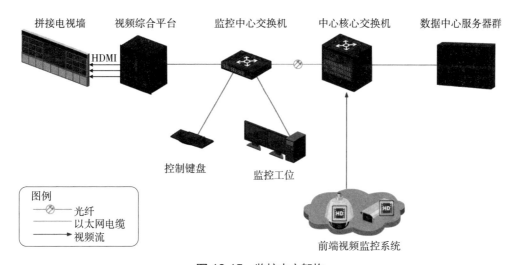

图 13.15　监控中心架构

1. 解码拼控系统

监控中心的上墙视频是取自前端网传过来的压缩视频，需要将压缩视频流解码才能进行上墙显示。视频解码主要分为解码器解码、视频综合平台解码方式。解码器的接口及性能是固定的，一般适用拼接数量少、扩展性要求不高的系统场景。

视频综合平台是参考 ATCA（Advanced Telecommunications Computing Architecture，高级电信计算架构）标准设计，支持模拟及数字视频的矩阵切换、视音频编解码、集中存储管理、网络实时预览等功能，是一款集图像处理、网络功能、日志管理、设备维护于一体的电信级综合处理平台。使用综合平台不仅可以使整个监控系统更加简捷，也让安装、调试、维护变得容易，并且具有良好的兼容性以及扩展性，可广泛应用于各种视频监控系统。

视频综合平台系统为非压缩输出＋解码输出＋拼接一体化设计，代替了解码器、视频矩阵、拼接器功能。相较于传统拼接系统有以下优势：

（1）解码拼接延迟小，无中间环节处理及电缆损耗；

（2）无图像显示瓶颈，开窗性能强大，并可按板扩容，整体性能大幅提升；

（3）成本低，无须为搭建环境而多付看不见的成本；

（4）操作方便，调试方便，用户体验好。

2. 大屏显示系统

大屏显示系统可对视频综合平台传输的视频信号进行上墙显示，大屏显示系统支持 BNC 信号、VGA 信号、DVI 信号、HDMI 信号等多种信号的接入显示，通过控制软件对已选择需要上墙显示的信号进行显示。

根据监控中心的建设要求，结合屏幕系统使用环境等重要的特点，系统采用研发生产的高端 LED 小间距产品，单位像素为表贴"三合一"LED，使用标准的 LED 单元箱体拼接组成，采用一体成型的压铸铝工艺，最大限度地保证了屏幕安装拼接精度和耐久度，具有图像无拼缝、环保静音、轻薄、寿命长等特点。

室内 LED 全彩显示屏模组像素间距主要有 P1.2、P1.4、P1.5、P1.6（mm），可实现真正无缝拼接，具有超高亮度和对比度及超宽视角，能在各个角度均能获得优质的显示效果，且占用空间小，使用寿命能达 10 万 h，后期维护成本低。

LED 控制器可接收视频综合平台输出的 DVI 信号，通过专用网络线缆驱动 LED 显示屏显示，实现多种视频信号的高清输出显示。一个 LED 控制器的最大带载分辨率 2 048×1 152 或 1 920×1 200，整个系统所需的 LED 控制器的个数由 LED 全彩显示屏的分辨率决定（图 13.16）。

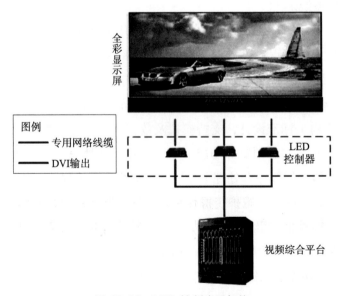

图 13.16　LED 控制应用架构

3. 监控中心配套设备

（1）音视频多媒体接入

多媒体音响系统是监控中心的重要组成部分，实现远程语音对讲和指挥调度。系统主要由无线话筒、有线话筒、功放、音响、调音台、均衡器等组成，并接入视频会议系统。

（2）报警提示设计

可以在监控大厅设计声光报警设备，当发生指定类型的报警信息时，进行警灯闪烁提示，同时可以结合大厅音响系统，进行声音的告警提示，结合大屏、摄像机等设备，可以让用户快速有效地掌握报警现场图像情况，为快速有效地处置问题提供信息支撑。

（3）监控工位设计

根据实际建设需求，在监控中心设置 4～6 个监控工位（带操作台），采用一机双屏显示方式，可实现图像实时监控和电子地图信息同时显示。并可输出到大屏。每个监控工位配置 1 台主机和 2 台显示器，用于历史图像和实时监控和应用信息显示，实现前端设备的操控管理、图像调用、平台操作等功能。

根据监控中心的应用需求，在监控中心配置 4～6 台控制键盘，控制键盘通过 TCP/IP 接口与视频综合平台相连，方便值班人员通过控制键盘控制视频综合平台将前端监控资源解码输出上墙显示以及模式切换。

13.6 建设效果

13.6.1 通过物联感知，实现精细管理

系统可实现贮存库、装卸区、出入口、转运车辆、处置车间、填埋场等所有场景的危废情况动态感知监测，方便用户掌握危废真实动态情况，支撑实现场景化精细监管。

13.6.2 对转移联单数字化全过程管理

按照危废产生、收集、暂存、转移及处置等的细分环节，与视频、物联感知数据、联单数据等信息进行关联和融合应用，做到数视联单，实现对危废的全流程跟踪、追溯和监管。

13.6.3　对数据实现智能风险分析管控

系统充分整合危废暂存库的危废物资、库房环境安全、转运过程中的运输车辆轨迹等监测数据，通过视频 AI 识别和智能认识模型，实现环境异常、超期未处置等风险问题和违规行为进行智能识别预警，对潜在风险或违规行为进行规避处置。

13.6.4　实现一屏可视化展示

系统通过大数据、GIS 和可视化技术，将区域内所有危废企业产废情况、产废动态分布、转运情况、处置情况、智能预警等信息，通过融合分析后上屏综合展示，方便用户掌握全局情况。危废业务全流程监管。

第14章
固体废物在线交易平台

14.1 交易平台建设背景

近年来，随着固体废物产业化、规模化的发展，固体废物产生企业、固体废物处置企业业务需求迸发出蓬勃喷涌之势。以数字化格局技术与产品，重构固体废物贸易全链路，精准匹配固体废物产出单位、固体废物处置单位买卖双方业务需求，为其提供数字化营销、交易、金融及供应链服务是固体废物处置行业发展一条重要出路。

基于此现状，及时搭建固废交易平台，不仅可以引领固体废物处置行业向"信息化""标准化""品牌化"的方向转变，并且还可以促进涉固体废物企业走向"规范、高效"发展方向。

鉴于目前固废业务多样性，前期规划以电子拆解废物交易作为切入点开展平台业务，后期逐步拓展一般工业固废、危险废物、再生资源等交易服务。

14.2 交易平台功能及特点

（1）平台逐步为客户提供登记信息、交易撮合、结算、商城、物流、信用评价、平台认证、服务中心和其他服务等全程电子商务服务；

（2）支持网上挂牌、竞价、竞拍等交易模式；交易平台包含交易子系统、商城子系统、政府环保职能对接模块和管理平台等；

（3）融合物流配送服务、物流交易服务、政府环保职能服务等于一体。平台系统将实现基础业务、运营业务、平台管理和运营支持4个层面的业务功能；

（4）逐步实现有价值固体废物商品发布、在线下单交易、订单结算、交易管理、各层级会员管理、环保解决方案及产品、担保授信等全程电子商务管理；

（5）为了支持平台业务向固体废物处置产业链两端延伸，满足开展多种业务的发展需求，平台支持多种交易管理流程共存，支持标准及可灵活拓展商品，具备交易规则灵活性、结算多样性及管理复杂性的特点。

14.3　交易业务流程

总体业务流程如图 14.1 所示。

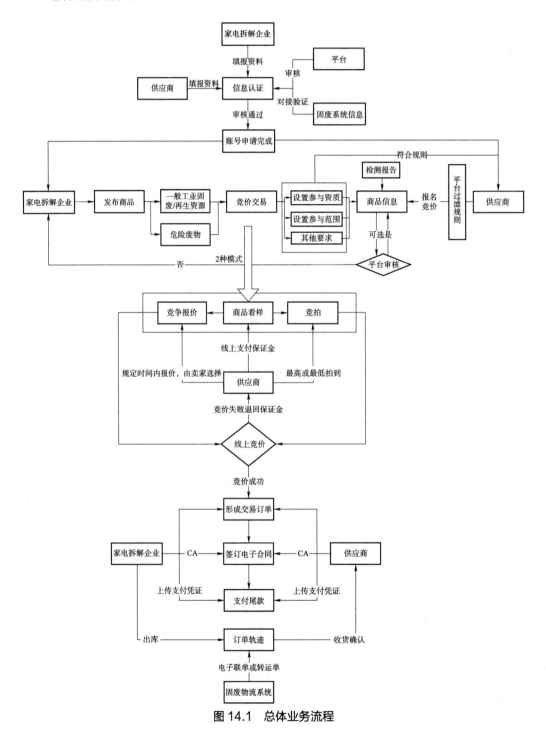

图 14.1　总体业务流程

14.4　固体废物交易平台

14.4.1　平台首页

平台首页可进行登录、注册、搜索等操作，并展示相关政策规范及通知公告等内容。

注册时分为个人买家、企业买家进行登记注册。

1. 账户信息登记

账户信息登记主要包括账户名、账户密码、确认密码、登记手机、验证码。注册完基本账户后提供基本浏览权限和部分操作权限如浏览历史、收藏记录等。

2. 企业信息登记

在已有账户信息基础上，完成进一步固体废物交易需要更新和完善企业信息。

（1）企业买家

企业买家见表 14.1。

表 14.1　企业补录信息

序号	数据类型		信息格式	是否必需	备注
1	公司名称		文本信息	＊	
2	公司地址		文本信息	＊	
3	联系电话		数字	＊	
4	官网地址		文本信息	—	
5	所处行业		选择框	＊	
6	企业性质		选择框	＊	
7	主要产品		文本信息	＊	
8	成立日期		日历表选择	＊	
9	注册资本		文本信息	＊	＊是必填项
10	税务登记		税务登记号	—	
11	法人信息	姓名	文本信息	＊	
		身份证	数字加文本	＊	
12	营业执照（副本）		图片	＊	
13	组织机构代码证		图片	—	
14	资质证照上传（如果有）		图片	＊	
15	公司简介		文字	—	

（2）个人买家

个人买家见表 14.2。

表 14.2　个人补录信息

序号	数据类型	信息格式	是否必需	备注
1	姓名	文本信息	*	
2	归属地	选择框	*	
3	联系电话	数字	*	* 是必填项
5	证件类型	选择框	*	
6	证件号	数字	*	
12	身份证照片	图片	*	

14.4.2　交易大厅

买方和卖方可进行以下 3 类交易：

（1）普通交易

根据用户中心—废物管理—发布废物信息中的信息进行对应。

交易流程：买家单击申请交易—卖家订单管理同意交易申请—买家可以在此页面看到卖家联系方式。

（2）竞价交易

竞价交易由产废方设置参与资格、范围等要求，符合资格的用户在规定时间内自主进行报价，由交易方选择，成交后通过交易市场签订电子购销合同，按合同约定进行实物交收。

（3）竞拍交易

竞拍交易可设置价高者得或价低者得，由符合资格的用户在规定时间内自主进行申请竞拍，需缴纳保证金，显示起拍价和当前价，以及竞价记录，竞拍成功后形成交易订单并签订电子合同。

14.4.3　用户中心

1. 企业信息认证

企业认证的目的主要是规范固体废物交易市场，严格按照国家固体废物管理条例，杜绝违法交易的发生。

产废企业、经营单位根据通过认证的内容，享受相应的优化服务。常见认证有企业信息认证、专业资质认证、交易保证金认证、固体废物物联网认证等。通过认证后企业信息后门注明企业认证登记。

涉及危险废物交易的，经营单位需上传危险废物经营许可证附件，填写核准经营范围等信息。

2. 废物管理

固体废物登记主要是对产废企业的信息登记，方便运输企业、处置企业了解固体废物数量、性质信息，促进固体废物贸易完成。

可对交易标题、是否支持到场看样、废物类型、危险类别、废物名称、数量、图片、样品检测报告、价格等信息进行登记及发布。

3. 订单管理

对申请交易的订单、交易中心的订单、完成的订单等信息进行查看。

4. 保证金管理

对缴纳的保证金及状态（是否退还）进行查看。

14.5 管理平台

管理平台为开发者管理后台登录使用，可对企业认证信息进行审核，对企业发布的废物信息进行取消发布，对交易订单信息进行查看，对网站首页的广告位进行管理及发布，对政策规范和通知公告进行发布等。

14.6 商城子系统

作为固体废物环保行业的深耕者，对于固体废物有完整的解决方案。针对不同企业差异化的需求，平台可根据企业产废种类、数量、性质、贮存条件等定制不同的方案，帮助解决固体废物管理过程中遇到的问题。

14.6.1 固体废物托管业务

产废企业可以开通危废托管功能，将危废委托给平台运营方管理。平台方将根据产废企业的固体废物管理情况，提供专业化的一站式服务，通过完善、规范的"保姆式"服务，解决产废企业的后顾之忧。

14.6.2 咨询服务

平台商城提供咨询服务，为企业固体废物管理提供培训服务、法律法规咨询服务、环保咨询等服务。企业可以结合自身需要，在平台商城中提交需要咨询的服务类型，平台运营方将提供专业全方位服务，满足客户规范化管理要求。

14.6.3 物流服务

平台支持第三方运输公司为交易双方提供物流服务。对运输公司的管理包括资质认证、联单管理、车辆定位、视频监控。在交易平台上，除了符合监管要求需要加装一些运输过程监控设备外，还可收取一定金额的押金，帮助规范第三方运输公司的行为。

14.7 与管理系统对接

平台为监管部门开设对应的数据接口和监管接口。针对电子废物拆解企业可以通过硬件监控和订单流走向，为企业提供一定的客观数据支持。

14.7.1 固废监管

与固废监管系统进行数据对接，采集、汇聚固体废物交易相关的监管数据，实现交易信息流、物流、资金流"三流合一"。

交易双方的合同信息应同步至监管系统，包括合同编号、合同签订双方信息、签订时间、固废信息（种类、重量等）、合同金额等。

交易双方履约过程中的资金往来信息应同步到监管系统，作为固体废物交易的档案。

14.7.2 退税核查

对于有完善固体废物处置设施或流程的产废企业，按照国家相关的法律法规规定办理环保退税。退税需要提交相关的处理依据，如产废企业固体废物设施设备认证、该批次或该月固体废物运输联单证明、产废企业接收或处置证明。协同企业核算应税污染当量及应纳税总额，协助企业从原辅材料选择、生产工艺技术的改进、末端治理措施的提升、合理利用废弃物等方面着力，为企业设计税额减免方案，并给出技术改造及减税的方案比选分析。

14.7.3　信息提交

企业根据环保部门和地税部门制定的表格填写相关内容，网上提交相关数据信息，提高办事效率。

14.7.4　政务信息系统对接

对于政策规定的信息，可以通过规范数据接口传输数据到政府网站。政府政策信息也可以同步网站上发布，方便企业了解行业动态，做好企业规划。

第15章

应用遥感技术开展固体废物管理

新《固废法》的实施，在推动落实党中央提出的推进国家治理体系和治理能力现代化方面发挥了重要作用，也对固体废物信息化管理工作提出了多项明确要求。在信息化时代的新形势、新背景下，我国固体废物信息化管理正在面临新的机遇和挑战，亟待梳理现状差距，借助新技术、新手段和新措施提供更加完善的解决方案。

新《固废法》提出，"国务院生态环境主管部门应当会同国务院有关部门建立全国危险废物等固体废物污染环境防治信息平台，推进固体废物收集、转移、处置等全过程监控和信息化追溯""国务院生态环境主管部门根据危险废物的危害特性和产生数量，科学评估其环境风险，实施分级分类管理，建立信息化监管体系，并通过信息化手段管理、共享危险废物转移数据和信息。"对固废信息化管理提出政府部门建立信息平台，实现全过程监控和信息化追溯能力的具体要求，同时也明确提出产废单位建设和应用信息化手段进行固体废物管理的要求。

15.1 我国固废信息化管理现状

15.1.1 初步实现管理全过程可追溯

纳入全国固体废物信息化管理的企业数量和废物数量不断增长，形成全国危险废物产生、转移、经营情况等基础数据库。实现对全部纳入基金补贴管理范围的废弃电器电子产品拆解企业的实时监控和全程记录。形成化学品基础信息数据库和初步计算毒理能力。有力支撑了"清废行动""固体废物进口管理制度改革""危险废物专项整治"等党中央、国务院部署的重点任务和"大中城市固体废物污染环境防治年报"发布"优先控制化学品名录"制定等生态环境领域管理工作。

部分地区在生活垃圾、危险废物等的收集、转移、处理、处置等领域，积极探索，先行先试，率先应用成熟先进技术，因地制宜试验适宜模式，依托物联网等信息技术，同时辅以5G、遥感、大数据等技术手段，不断提升监控和追溯的精细化、智能化水平，初步具备了"全过程监控和信息化追溯"能力。

固体废物管理需要全面掌握各类废弃物的信息资料,信息量庞大。在固废监管方面,要对工业固体废物、生活垃圾、建筑垃圾、农业固体废物、危险废物 5 大类固体废物实现全流程闭环管理,监管固体废物产生、收集、贮存、运输、利用、处置等各个环节。用传统方式获取并处理这些数据,已经无法适应新型固废管理的需求。而遥感技术不仅可以快速、实时、动态、省时省力地监测大范围的环境变化和环境污染,也可以实时、快速跟踪和监测突发环境污染事件的发生、发展,并及时制定处理措施,降低损失。遥感技术的应用,克服了传统监测投入高、效率低、周期长的弊端,并且遥感技术与大数据、5G、云计算等现代化科技相结合,可实现固体废物全过程、长时序、动态化监管,推动固体废物监管的高效化、信息化和智能化。

15.1.2 遥感技术手段支撑固废监测取得丰硕成果

遥感技术具有大范围、快速、动态、真实等特点,经过近 60 年的发展,已从可见光发展到全波段、从传统的光学摄影演变为光学与微波结合,监测对象已从植被覆盖拓展至大气、水、生态等诸多要素,空间、光谱、辐射、时间分辨率的持续增加,使得遥感技术已成为全球、国家和区域大尺度生态环境动态变化监测最可行、最有效的技术手段。我国现有遥感卫星主要包括气象、资源、海洋、环境等民用卫星系列,监测要素主要包括陆地植被覆盖、陆地植被生长状况、陆表水域面积分布、生物量、土壤水分、火点、海洋浮游植物、海冰、海表温度、云、水汽、降水、二氧化硫、二氧化氮、二氧化碳、臭氧、气溶胶等。

党的十八大以来,生态文明建设被提升到新的高度,并作为"五位一体"总体布局中的重要一环,生态环境监测成为生态环境保护的重要基础工作。2018 年 5 月 9 日以来,生态环境部连续 2 年开展"打击固体废物环境违法行为专项行动"即"清废行动 2018"与"清废行动 2019",通过卫星、无人机遥感监测结合现场排查核实、"12369"环保举报、信访等方式,就长江经济带 11 省(市)固体废物乱堆、乱放等环境问题进行"遥感执法",随着固体废物环境违法问题被国家部委发现、媒体曝光等,各地市政府面临较大压力和挑战,为此各地方政府亟须变被动为主动,通过新的技术手段快速发现固体废物随意堆放问题,主动核查整改,提升精细化管理能力。

卫星和无人机遥感技术在固体废物监测方面的应用取得了较为丰硕的成果,并且具有监测范围广、周期性连续监测的优势,是生态环境保护与污染治理的重要技术手段。通过建立高效的遥感数据处理、问题发现与派发、问题核实反馈和问题处置机制,在国家部委层面发现环境问题并开展督查之前,及时发现和查处固体废物随意堆放行为，由被动变为主动，与传统业务监测和管理手段相结合，逐步实现全国"无废"目标。结合卫星、无人机遥感技术，面向固体废物产生、收集、贮存、运输、利用、处置全过程监管业务需求，建立固体废物"天空地"一体化智慧监管系统。

面向固体废物全过程监管业务需求，利用卫星、无人机遥感监测技术，对固体废物进行摸底排查，利用定期遥感监测和应急监察的方式，构建"遥感排查—分批交办—地方整改—专家帮扶—遥感再看"的固体废物遥感监测工作机制，形成闭环监管，为固废信息化管理提供支撑。

研发固体废物"天空地"一体化智慧监管系统，开展卫星遥感数据处理、生活垃圾堆放监测、建筑垃圾堆放监测、固体废物违规倾倒监测等，形成固体废物监测专题产品，面向生态环境管理部门以及社会公众提供服务，提升固废监测能力和水平（图 15.1、图 15.2）。

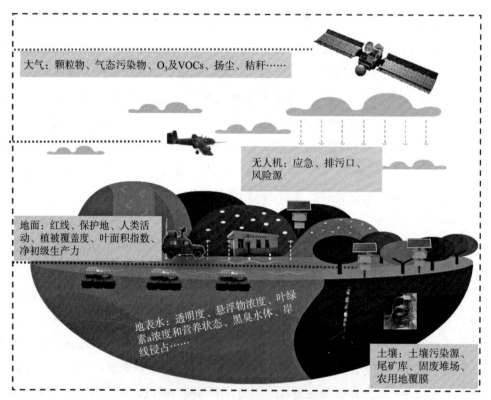

大气：颗粒物、气态污染物、O_3及VOCs、扬尘、秸秆……

无人机：应急、排污口、风险源

地面：红线、保护地、人类活动、植被覆盖度、叶面积指数、净初级生产力

地表水：透明度、悬浮物浓度、叶绿素a浓度和营养状态、黑臭水体、岸线侵占……

土壤：土壤污染源、尾矿库、固废堆场、农用地覆膜

图 15.1 "天空地"生态环境立体遥感监管与应用

图 15.2 固废现场照片

15.2 能力建设的薄弱环节

现有信息化管理系统的整体架构和技术手段难以完全满足新《固废法》提出的全过程监控、信息化追溯等要求。适用固体废物监管一体化的大数据平台研发的投入和产业化还不足。固体废物管理的大数据分析、数据挖潜应用能力较为落后，与新时期支撑政府管理和服务社会、企事业单位的需要还有差距等，应用上还需大力拓展和提升。

信息化工作虽然在支撑固体废物环境管理制度落实、支持相关部门业务办理和服务企业、社会需求方面发挥了一定作用，但与未来信息化手段能够提供的支撑相比，仍有巨大的提升空间。如对生态环境部门排污许可制度实施、环境执法工作的支持等；更大的领域如对国家和地方税收政策、产业政策、金融政策实施等方面的支持等。同社会生产和生活的其他领域一样，信息化工作也将为固体废物管理和相关产业发展提供极大便利并产生积极深远的影响。

15.3 遥感技术支撑服务固废信息化管理情况

15.3.1 国家层面开展固废工作情况

1. 清废行动

为贯彻落实习近平总书记在深入推动长江经济带发展座谈会上的重要讲话精神，

严厉打击固体废物非法转移和倾倒长江等违法犯罪行为，根据《长江保护修复攻坚战行动计划》，2019年4月，生态环境部在长江经济带11省（市）126个城市以及3个省直管县级市全面启动打击固体废物环境违法行为专项行动（以下简称"清废行动2019"）。利用2019年高分辨率卫星和无人机遥感影像，采用目视解译和专家判读相结合的方法，开展长江经济带11省（市）共126个城市（另加湖北省3个直辖县级市天门、仙桃、潜江）及境内长江干流、重要支流等区域10 km范围内的固体废物（疑似危险废物、一般工业固体废物、生活垃圾、建筑垃圾等）堆放、贮存、倾倒和填埋点的遥感监测与核查工作。采用主成分分析和空间分析方法，结合高程、交通、经济、人口等信息，分析了长江经济带固废点位倾倒位置特征及规律。分析结果表明，固废倾倒位置与距居民地距离、距公路距离、高程、人口和GDP的相关性最高。固废主要倾倒在低海拔地区，且距公路越近，距居民地越远，固废倾倒数量越多，同时，固废倾倒位置与人口密度、GDP存在较强正相关性。

"清废行动2019"采用卫星遥感、无人机航拍，结合信访举报案件等排查方式形成疑似问题清单，经现场核实确认问题1 944个，其中1 550个问题源于卫星和无人机，占确认问题总数的79.7%。截至目前，经卫星遥感"回头看"确认，已有1 904个问题完成整改，占比为97.9%。这是遥感技术第一次应用于大范围的固体废物识别和监管执法，并在"清废行动2019"实践中摸索建立固体废物遥感解译规范，突破固体废物整治遥感核实技术，是"遥感执法"在固体废物领域的首次尝试。通过构建固废排查整治遥感核实技术方法，建立固体废物遥感解译标准，形成"卫星遥感＋无人机遥感＋固体废物执法系统"的业务模式，保障了"清废行动2019"专项行动的高效、有序实施。

2. 无废城市

"无废城市"是以"创新、协调、绿色、开放、共享"的新发展理念为引领，通过推动形成绿色发展方式和生活方式，持续推进固体废物源头减量和资源化利用，最大限度地减少填埋量，将固体废物环境影响降至最低的城市发展模式，也是一种先进的城市管理理念。2018年12月29日，国务院办公厅印发《"无废城市"建设试点工作方案》。2019年4月30日，生态环境部公布了11个"无废城市"建设试点。11个试点城市为广东省深圳市、内蒙古自治区包头市、安徽省铜陵市、山东省威海市、重庆市（主城区）、浙江省绍兴市、海南省三亚市、河南省许昌市、江苏省徐州市、辽宁省盘锦市、青海省西宁市。

遥感在"无废城市"建设管理上的应用也正在被人们所重视，其突破了行业获取大范围多元信息的技术难题，夯实"无废城市"管理的数据底座，为建设"无废城市"开启新的智慧视角。在试点"无废城市"固体废物监管、环境风险评估、重点治理区域分析等工作中起到服务支撑作用。

遥感技术的发展，无疑为"无废城市"规划管理提供了一种更加科学的思路。遥感技术具有大范围、快速、动态、客观等特点，是构建环境监测预警体系不可或缺的重要技术手段。"无废城市"建设涉及领域之多、范围之广，其数据资源具有"多源、异构、动态、分散"的特点。"无废城市"建设管理需要全面掌握城市各类废弃物的各种信息资料，信息量十分庞大。在"无废城市"建设工作上，地方城市要对工业固废、农业废弃物、建筑垃圾、生活垃圾、危险废物5大类固废实现全过程闭环管理，监管固体废物产生、收集、运输、处置（利用）等诸多环节，部分城市也将废水、废气包含在内。仅从固体废物堆放状况监测来看，地面垃圾乱堆、乱放造成的环境污染在我国各大城市乃至乡村随处可见，工业、生活垃圾的堆放状况、堆放点的分布、堆放点的面积、数量等，均是管理部门要悉数摸底的情况。传统方式下获取并处理这类数据情况，已经无法适应现代城市管理的需求。此外，用常规方法难以揭示的污染源及其扩散的状态，遥感不仅可以快速、实时、动态、省时省力地监测大范围的环境变化和环境污染，也可以实时、快速跟踪和监测突发环境污染事件的发生、发展，并及时制定处理措施，减少损失。由此可见，遥感监测监管以其快速、准确和实时地获取资源环境状况及其变化数据的优越性，将成为获取信息从而赋能"无废城市"监管的强有力手段。

根据新《固废法》，信息化管理正成为各产废单位进行固废管理的新要求。推动遥感技术与"无废城市"信息化管理的深度融合，将为"无废城市"建设管理的模式革新带来曙光。依托物联网、互联网、卫星体系，实现数据交换，实现广域态势感知和实时监控，解决固废环节监管缺失、安全管控被动的问题，如工业固废去向监管难；农业废弃物产生点分散源头管控难；建筑垃圾源头计量难、跑冒抓取难、危废转移非法倾倒查处难。基于遥感—地面—云的数据信息的整合分析、信息挖掘、数据资产共享，解决固废处理信息不对称造成部分产废无去处、处废无来源的窘境；解决固废产业补链、延链的数据依据不充足，导致企业、区域间的固废物质协同出现断层或者断链的问题等。随着大数据、云计算、人工智能、5G等先进技术与遥感技术的深度融合，将有力地提升从无废管理数据到行业信息模型挖掘过程的效率与质量，使数据资产"价值化"，锻造辅助决策的创新管理工具。

3. 尾矿库遥感监管

尾矿库通常是指在山谷口或平缓地形的周围筑坝，用来堆存金属和非金属等矿山企业进行矿石选别后排出的尾矿或其他工业废渣的贮存场所。我国是尾矿库大国，有尾矿库 12 655 座，其中有 4 910 座危库、险库和病库，占 38.8%。尾矿库不同于一般的环境风险源，成分复杂，其矿渣或尾矿水中通常含有很多有害元素，一旦流失，会对库区周围河流、农田等造成严重污染和破坏，对库区下游居民及各类生物造成危害；且多位于偏远山区，监管相对薄弱，事故易发。由于我国大多数尾矿库在进行库区选址时，受距离矿产资源的远近、地形因子以及其他因素的限制，一般很难避开生态敏感区或人口密集区，有的地处大江、大湖、重要水源地上游，有的地处生态保护区附近，有的地处重要交通道路设施沿线或邻近地区等。近年来，由尾矿库引起的突发环境事件频发，尾矿库环境应急管理工作形势十分严峻，使其成为环境应急监管的重点。遥感技术作为一项重要的数据获取方式，具有快速、大范围、连续动态、受地面条件限制小等优势，可以很好地弥补传统监测方法的不足，已成为生态环境监测的重要技术手段。同时，尾矿库作为一种大规模人为改造地形与地貌的人工构筑物，其在形状、大小、内部结构、光谱、空间分布、时空上的生命周期变化等方面都有一定的特征，这些都为发挥遥感的作用和优势创造了有利条件。为此，利用遥感技术，采取影像处理—遥感识别—综合分析的尾矿库环境风险监测路线开展尾矿库环境风险信息监测分析。

在全国尾矿库摸底排查、分级分类、全国尾矿库空间信息数据整合以及重点尾矿库动态监管工作中发挥了重要作用。基于高分辨率卫星影像，开展了指定区域内尾矿库底数排查，形成了尾矿库遥感排查清单，对于无主库、废弃库均能实现准确监测，同时结合多时相遥感影像，能监测尾矿库建设与运行情况，支撑尾矿库动态环境监管。由于历史遗留或企业主体责任落实不到位等原因，一些尾矿库选址、设计不规范，尾矿库邻近重要河流、水源地等生态环境敏感目标，一旦发生事故极易造成严重污染影响。通过利用多时相高分辨率遥感影像，结合尾矿库周边敏感受体信息变化特征综合分析，可以辨识尾矿库环保治污设施安装情况，并分析尾矿库是否存在偷排废水行为，为尾矿库污染防控工作提供重要参考依据。

尾矿库是一个具有高势能的人造泥石流的危险源，同时库区尾砂与尾水中普遍含有较多有害元素，若发生泄漏或溃坝，势必给生活在库区下游的居民和各类生物造成严重影响。目前，我国尾矿库安全和环境形势依然严峻，主要体现在监测监管手段薄弱、信息共享不畅通、事前预警和事中监管能力弱、社会监督和公众参与不足等方面。2019 年 4 月应急管理部出台的《防范化解尾矿库安全风险工作方案（征求意见稿）》提出，地方各级人民政府要建立完善尾矿库安全风险监测预警信息平台，实现与企业尾矿库在线安全监测系统的互联互通，同时各省（区、市）尾矿库安全风险相关信息要接入国家灾害风险综合监测预警信息平台。因此，建立尾矿库安全风险监测预警平台，构建统一的信息资源池实现各级平台信息共享，有效防范化解尾矿库安全风险，强化支撑保障技术体系辅助监管执法，已成为当前应急管理工作的重要方向。针对尾矿库监管方面亟须解决的问题，中科星图提出贯穿尾矿库监管全流程的综合解决方案。针对尾矿库安全预警、监管执法等需求，综合利用遥感、大数据、云计算、人工智能等先进技术，整合多源异构空天地数据，构建空天地一体化感知体系，搭建集多源数据统一存储、管理、维护、应用、展示的空天地一体化尾矿库监管平台，打造尾矿库专项整治、安全生产监控、风险预警、应急指挥等多项应用，推动从事后监管向事前预警、事中监督转变，促进尾矿库管理向精细化方向转变。

通过空天多源遥感数据及时获取、快速处理各类多源异构数据，对尾矿库库区、尾矿库土地利用、尾矿库周围生态环境、尾矿库配套设施、下游敏感对象与保护目标、上游汇水区等进行时间序列的遥感监测，形成多源多载荷卫星和无人机遥感影像协同获取、卫星影像数据快速处理、尾矿库遥感监测标准规范体系制定、尾矿库遥感监测专题产品生产、监测成果入库等多步骤紧密结合的一体化监测流程。尾矿库遥感监测数据服务内容具体包括多源遥感影像数据处理、尾矿库库区位置和边界提取、尾矿库库区类型识别、尾矿库坝体识别、尾矿库土地利用变化监测、尾矿库周围生态环境变化监测、尾矿库配套设施监测、应关闭库坝体提取、应关闭库裸露堆渣提取、应关闭库土地复垦监测、上游汇水区监测、下游敏感对象与保护目标监测（河湖水库、居民点、农田、林地、草地、水产养殖场、自然保护区等）、事故波及对象持续监测等，通过平台提供多源异构数据的长效服务。统筹遥感监测数据、地面在线监测数据、地面巡查数据、尾矿库业务数据、其他行业部门数据、社会经济数据等，对多源异构数据进行抽取、转化、加工、导入，建立尾矿库资源目录体系，实现系统内数据资源整合集中和动态更新，建设尾矿库基础数据库和专题数据库，实现数据传输交换、管理监控、共享开放、分析挖掘等基本功能。紧密围绕尾矿库业务需求，汇聚多源异构空天地数据和业务数据，纳入统一的时空基准，基于Web浏览器技术、地理空间可视化技术、人工智能技术，提供强大的可视化能力和丰富的插件，对尾矿库安全指标、气象条件、尾矿库用地情况、下游敏感对象与保护目标、周围生态环境、其他行业部门数据等相关数据进行多种关联和智能分析，进行事故模拟仿真，并根据模板快速制图，提供辅助决策支持。根据尾矿库监管执法实际需求，对迫切关注的尾矿库安全运行、应关闭库、周边保护目标等进行专项监管。通过指挥中心大屏、PC 端、外业调查 App、小程序等，实现一键查询、一键调度等功能。同时，通过移动端系统，对尾矿库安全运行、应关闭库和周边保护目标等进行监督，支持手机拍照、录像并及时向监管系统上传信息。满足应急管理部门之间多级联动、信息共享的需求，对巡查任务下发、巡查信息更新、巡查信息审核、案件执法、管理评价等各环节进行全过程管理。分别利用大数据、云计算、人工智能等新一代信息技术，构建空天地一体化尾矿库监管平台，及时快速捕捉并反馈异常尾矿库信息，实现相关部门间信息共享、多级联动，支撑精准监管执法。优势体现在如下 3 个方面：一是在信息共享方面，打破信息壁垒，实现监测信息互联互享受，横纵联动、联防联治；二是在监管主动权方面，推动从事后监管向事前预警、事中监督转变，掌握监管的主动权；三是在群众参与方面，通过网站、微信公众号、举报电话等多种途径，加强社会监督和公众参与。

4. 构建空天地一体化监管模式

通过研发的固体废物执法系统（现场核实 App+ 信息管理系统），实现固体废物非法倾倒点位的导航、定位、核实、填报、拍照、传输以及调查后点位的存储、管理、统计等功能，实现固体废物非法倾倒点位的综合监控信息化管理，提升固体废物核实及整改的监管效率。同时，通过 App 联网直报的方式，改变过去地方纸质填报和清单式填报排查信息的传统工作模式，实现了固体废物监管和执法全过程信息化、空间化，保证了信息填报的准确性和安全性。

为确保排查整治精准有效，用"三个准确"为排查整治工作保驾护航。一是准确核实固废点位经纬度。通过对比遥感影像和现场照片，结合周边地物信息，精确定位并核实固废空间位置。二是准确判断固废整治情况。利用多时相高分辨率遥感影像，获取固废影像图斑，结合图斑的光谱、纹理和形状等特征，依据特征距离，采用最小错误率法获取影像变化阈值，得到不同特征下的变化检测结果，同时，基于固废解译标志库，辅以专家经验对存疑点位二次判断，确保遥感核实精度。三是准确下结论。综合分析遥感判断结果和现场排查记录，得出最终整治结论，保障遥感核实的客观性、准确性与科学性，极大地提高了执法监管效率。

15.3.2 地方层面的应用

1. "遥感 + 无废"的绍兴实践——遥感长期动态监测，全域事件精准监管

作为被列入"11+5"无废试点城市的浙江省绍兴市，建成全国首个对工业、农业、建筑、生活、危废 5 大类固废实行闭环管理的"无废城市"信息化管理平台，堪称"无废城市"建设的"排头兵"。

在遥感监测监管方面，绍兴市"无废城市"信息化平台基于遥感大范围、快速重复覆盖的对地观测能力，利用多源多星高分辨率卫星遥感技术，针对绍兴市工业固体废物、农业废弃物、生活垃圾、建筑垃圾、危险废物的非法倾倒、堆放进行定

期、不定期全域监管，识别非法倾倒点位，测算非法倾倒堆放面积；针对大型建设工程开挖施工、矿山开挖、疑似非法采矿和矿山恢复整治进行全域监管，识别建筑工程和采矿等行为的地表扰动、固体废物堆放对周边生态环境影响。各类废弃物的非法倾倒、堆放点位，大型工程开挖施工、矿山开发、尾矿库堆放点位等情况经过遥感监测悉数摸底，通过分析监管平台本底数据，与 GIS 地图结合，形成全市统一监控数据看板，实现绍兴全域的长期动态监测，对全局状态精准掌控、对具体变化细节智能对比，为执法监管提供科学数据决策。

绍兴市"无废城市"信息化平台利用动态视频图像分析能力，对固体废物的非法倾倒、堆放、抛撒，非法开挖施工等事件的遥感监测图像进行精准识别、比对分析，有效提升此类事件的监测、预警及处置效率，打造更加全面、更加精准的全域事件监管分析。基于 2018 年、2020 年两期遥感影像，对绍兴市典型固体废物进行遥感监测，提取 2018—2020 年发生变化的固体废物点位，具体固废类型包括工业固体废物、建筑垃圾、其他垃圾、大型建设工程项目开挖和施工用地、矿山开发用地、矿山整治用地、农业覆膜、秸秆焚烧场地，共 41 处。根据提取的典型固体废物监测结果可知，绍兴市矿山用地最多，有 12 处，其中矿山开发用地 11 处，矿山整治用地 1 处。其次为大型建设工程项目开挖和施工用地和建筑垃圾，除新昌县外均有分布，分别为 9 处和 6 处，这也说明建筑垃圾倾倒与建筑工程施工具有一定相关性。工业固体废物主要分布在嵊州市和诸暨市，共有 4 处。农业覆膜均分布在嵊州市内，秸秆焚烧场地集中分布在上虞市中部地区。同时遥感技术能够动态监测固体废物的时空变化情况，通过两期影像对比，发现固体废物存在动态变化特征，如部分 2018 年的固体废物点位在 2020 年已被整治，而部分 2020 年的点位在 2018 年不是固体废物。

2. 成都市固废遥感监测示范应用

成都市地处四川盆地西部边缘，地势由西北向东南倾斜，地理位置处于东经 102°54′～104°53′、北纬 30°05′～31°26′。全市地势差异显著，西北高、东南低，西部属于四川盆地边缘地区，以深丘和山地为主。地貌按类型可分为平原、丘陵和山地；土壤按类型可分为水稻土、潮土、紫色土、黄壤、黄棕壤等；土地利用现状按类型可分为耕地、园林地、牧草地等。矿产资源较为丰富、种类繁多，分布相对集中，主要集中在西部边沿山区的彭州市、都江堰市、崇州市、大邑县、蒲江县、邛崃市和金堂县一带，多种金属矿产资源则相对集中于彭州市。成都市所辖区 24 个区县包括青羊区、高新东区、高新南区、高新西区、武侯区、锦江区、龙泉驿区、成华区、简阳市、金牛区、郫都区、青白江区、新都区、邛崃市、彭州市、崇州市、金堂县、新津县、大邑县、都江堰市、双流区、蒲江县、天府新区、温江区。

　　针对固体废物分布广且散，底数不清、情况不明，日常监管难度大，一旦发生渗漏等环境问题，应急处置难度大等特点，结合成都市地形地貌，研究利用遥感监测快速识别技术，通过在成都市市区、城镇、乡村等区域进行示范应用，实现对固体废物的有效识别。根据需求分析，成都市固体废物遥感调查主要类型为工业固体废物、非正规垃圾和未覆盖建筑渣土 3 大类。其中，工业固废包括工业残渣（炉渣、水泥混凝土、钢渣等）和料场（砂石、沙子、钢材等）；非正规垃圾包括生活垃圾、拆迁遗留渣土及废品回收站等；未覆盖建筑渣土是指建筑施工工地未覆盖的渣土。需要特别说明的是，由于很多区域处于拆迁建设，遥感调查结果表明，拆迁遗留渣土较多。拆迁遗留渣土归为非正规垃圾，但与其他非正规垃圾相比具有动态性强的特点。因此，根据要求，将范围较大的拆迁遗留渣土单独做了解译。以高分辨率卫星遥感影像为基础，采取遥感与多源数据相结合、计算机自动信息提取与人机交互解译相结合、室内综合研究与实地调查相结合的思路，及时、准确、客观地对成都市固废类型分布、整治进度及治理成效实施遥感调查与动态监测。通过遥感解译，得到成都市固废堆点疑似图斑 1 065 个，其中工业固废 324 个、非正规垃圾 645 个（含拆迁遗留渣土 156 个）、未覆盖建筑垃圾 96 个。固废多边形总面积 7.70 km²。

　　为验证成都市固体废物遥感解译结果精度，增强对成都市固体废物地面特征的认知，优化遥感解译标志，2020 年 9 月 22—26 日开展成都市固体废物野外调查与核查工作。首先，规划设计并有序编码野外实调固废多边形，编制野外调绘专题图；其次，将野外实调固废多边形进行格式转换，并导入奥维地图，用于各固废点位的野外导航及相邻点位的转场工作；最后，编制固废野外调查结果记录表，记录现场实际调查情况。

3. 陕西白河县历史遗留工业废渣排查

　　陕南地区矿产资源丰富，由于历史原因形成了大量遗留尾矿库（渣）。对陕南地区大量的尾矿库进行了全面的排查摸底和现场核查，基本掌握了尾矿库现有环保设施配备及运行情况，对存在环境风险隐患的尾矿库制订计划逐步开展整治，并从污染物识别入手，对陕西省尾矿库逐一制定了采样方案并采集尾矿渣、尾矿水、地下水等样品进行检测分析，摸清尾矿库存在的污染元素种类和浓度水平，作为尾矿库环境风险分级的重要依据。从污染源调查角度出发，环境部门通过现场调查并辅助遥感监测等手段，调查清楚尾矿库周围敏感目标分布情况及尾矿库泄漏后污染物的可能迁移途径，为尾矿库环境风险分级和环境应急处置提供基础信息。在上述工作的基础上，已初步建立起陕西省尾矿库"一库一档"，有序推进尾矿库环境污染防治管理体系建设。

白河县硫铁矿区属于历史遗留废弃矿山，污染矿区点多面广，大多位于山区深处，很多治理点位都在海拔 800 m 以上的位置，且几十年前废弃的施工道路多数已经损毁，交通条件极为不便。基于高分辨（0.5 m）卫星遥感影像数据和无人机航测等技术手段，开展白河县硫铁矿区污染源全面性排查。对白石河流域尾矿库、固体废物等风险源的位置、面积、数量等属性信息进行提取，并对提取信息的准确性开展无人机地面验证。基于卫星遥感数据、无人机地面验证和航测数据，及地质水文工程数据，制作白河县硫铁矿污染治理分布图，直观展示白河县白石河硫铁矿区污染综合治理成效（图 15.3）。

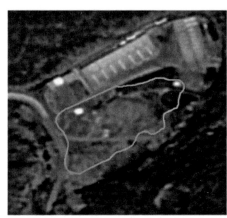

图 15.3 遥感影像、现场核查图

4. 西宁市固废遥感监测

自 2019 年 5 月试点工作开展以来，西宁市以"绿色减量化、生态资源化、安全无害化"为目标，以补齐固废基础设施短板，凝练创新特色固废管理体系，加强无废理念宣传教育为重点，在工业、农业、生活 3 大领域同时发力延伸固废产业链条，不断完善制度、技术、市场、监管 4 项体系建设打造示范，积极打造西部高原生态脆弱地区的无废模式。

为有效支撑西宁市"无废城市"建设，更好地服务于西宁市固体废物监管，采用卫星遥感技术，提取西宁市固体废物信息，分析其与环境敏感区的空间位置关系，为西宁市"无废城市"建设提供有力技术支撑。结合西宁市产业结构及固废类型特征，制定固体废物遥感解译类型，在此基础上，建立各固体废物类型解译标志，采用目视解译方法，基于 2020 年 7—8 月卫星遥感影像（空间分辨率 1 m），提取固体废物类型、面积、位置等信息，分析其与自然保护区等环境敏感区的空间位置关系。通过遥感技术手段共监测到西宁市固体废物 476 处，占地面积 11.7 km²，不同类型的固体废物包括固体废物堆场、渣土场和料场、被破坏场地、非正规垃圾堆放点、非法采砂。从监测结果来看，西宁市工业园区多数分布在城北区、大通回族土族自治县、城东区和湟中县，而固体废物也主要分布在上述区县，尤其以大通回族土族自治县南部和湟中县东部最为集中，说明西宁市固体废物空间分布与各区县工业发展存在较强的正相关性。

15.4 未来展望

15.4.1 统筹推进固废监管信息化软硬件升级，加强数据共享和基于 GIS 的大数据能力建设

做好全国固体废物监管信息化平台顶层设计和统筹谋划，在国家层面建立数据统一、标准统一、兼具管理和服务功能的新的系统架构和平台。制定全国统一的固体废物监管信息化建设和应用标准，既保证全国标准统一、互联互通，又兼顾各省、市、县固体废物管理政府部门与企事业单位个性化的管理需求。充分利用 5G、AI 技术、大数据、"互联网＋"、边缘云等先进信息技术，实现固体废物全过程监控和信息化追溯。

整合固体废物管理相关部门数据，打破数据孤岛，提升固体废物大数据分析和应用能力。在固体废物监测与执法应用中，充分将卫星遥感排查与人工地面核实相结合，创新固体废物监管技术手段，有效提升固体废物现场核实的工作效率，探索创建固体废物全过程监管新模式。

15.4.2 加强信息化手段对管理制度支撑，推动各项制度落地见效

继续优化危险废物电子转移联单、管理计划备案等功能，实现智能化分析和管理。不断扩展纳入信息化管理的企事业单位范围和废物种类，实现应管尽管。推动企事业单位内部固体废物信息化管理与企业管理的融合，落实企业污染防治主体责任。加强数据共享和功能开发，通过信息化手段实现对新《固废法》中明确的信用记录、信息发布和公开、环境影响评价、排污许可、分级分类管理等制度实施的技术支持。

15.4.3 加快推进与固体废物信息化监管发展需求相适应的制度法规制修订工作和标准体系建设

推进新《固废法》中要求的固体废物信息化监管相关制度和法规制修订工作，研究并制定固体废物全过程监管和信息化追溯的具体要求、目标、各方权责、数据应用等方面的管理规范。

积极稳妥开展试点，探索国家资金引导、社会资金参与的多渠道投融资模式，充分调动各方参与固体废物信息化建设和管理的积极性。在现有"无废城市"建设试点的基础上，继续推动试点在制度、技术、市场、监管等方面的总结创新工作，评估和凝练现有成效和成果，在重点领域形成可复制、可推广的技术模式和路径。同时，逐步扩大"无废城市"建设试点范围，如开展第二批"无废城市"建设试点，或者在适宜的省域、区域开展建设试点工作。